DEL SHOW DE OPRAH WINFREY DEL 19 DE JULIO DE 1991

El astronauta del Apollo, Edgar Mitchell: "...De verdad creo que se sabe mucho más sobre la investigación extraterrestre de lo que es del conocimiento público justo ahora. Se ha sabido por mucho tiempo".

Oprah: "¿Y por qué cree que se le oculta al público?"

Mitchell: "Bueno, es una larga historia. Se remonta a la Segunda Guerra Mundial, cuando pasó todo lo que pasó. Y cosas que se han mantenido como información muy reservada".

Otros títulos de Sky Books
(en Inglés)

por Preston Nichols y Peter Moon

The Montauk Project: Experiments in Time
Montauk Revisited: Adventures in Synchronicity
Pyramids of Montauk: Explorations in Consciousness
Encounter in the Pleiades: An Inside Look at UFOs
The Music of Time

por Peter Moon

The Black Sun: Montauk's Nazi-Tibetan Connection
Synchronicity and the Seventh Seal
The Montauk Book of the Dead
The Montauk Book of the Living
Spandau Mystery
The White Bat - The Alchemy of Writing

por Joseph Matheny con Peter Moon

Ong's Hat: The Beginning

por Radu Cinamar con Peter Moon

Transylvania Sunrise
Transylvania Moonrise
Mystery of Egypt - The First Tunnel
The Secret Parchment - Five Tibetan Initiation Techniques

por Stewart Swerdlow

Montauk: The Alien Connection
The Healer's Handbook: A Journey Into Hyperspace

por Alexandra Bruce

The Philadelphia Experiment Murder:
Parallel Universes and the Physics of Insanity

por Wade Gordon

The Brookhaven Connection

El Proyecto Montauk

EXPERIMENTOS EN EL TIEMPO

PRESTON B. NICHOLS
CON PETER MOON

ILUSTRADO POR NINA HELMS

SkyBooks
NEW YORK

Décimo segunda impresión. Diciembre de 2008
Arte de portada e ilustraciones de Nina Helms
Tipografía y diseño del libro de Creative Circle Inc.
Consultor Editorial: Odette de La Tour

Publicado por: Sky Books
Box 769
Westbury, New York 11590
Página web: *www.skybooksusa.com*
Correo electrónico: skybooks@yahoo.com

DESCARGO DE RESPONSABILIDAD: La naturaleza de este libro requiere claridad en cuanto a lo que se pretende y que no se pretende afirmar. Esta historia está basada en los recuerdos, recopilaciones y experiencias de Preston Nichols, quien ha hecho uso de su mejor habilidad para narrar tales eventos. Queda de parte del lector evaluar su veracidad relativa. El editor no asume responsabilidad alguna por inexactitudes que puedan haber resultado de un trauma o conceptos errados inducidos. Muchos nombres y lugares se han ocultado o cambiado para proteger la privacidad de las personas involucradas. Por último, nada de lo contenido en este libro se debe interpretar como un ataque al Gobierno de los Estados Unidos. El editor y los autores respaldan y creen fielmente en el Gobierno de los Estados Unidos según lo establece la Constitución de los EE. UU. Se considera que las atroces acciones aquí descritas fueron perpetuadas por individuos que no actuaban dentro de los márgenes legales de la ley.

Datos de catalogación previa a la publicación de la Biblioteca del Congreso

---

Nichols, Preston B./Moon, Peter
El Proyecto Montauk: Experimentos en el Tiempo
por Preston B. Nichols y Peter Moon
166 páginas, ilustradas
ISBN 978-1-937859-17-6 (copia impresa en Español)
ISBN 978-1-937859-19-9 (e-libor en Español)
1. Ciencia Oculta 2. Viaje en el tiempo 3. Anomalías
Número de la tarjeta del catálogo de la Biblioteca
del Congreso: 2015944705

Este libro está dedicado a la memoria de la tripulación de la *U.S.S. Eldridge* y de aquellos que dieron su vida en Montauk.

Translated by Catalina Pascariu from English into Spanish.
Translation services available in the following languages: Spanish, English, Romanian.

Contact info: E-mail: *pascal_catalina@yahoo.com*
Phone: (+40) 741 458 039
Skype address: catalina.pascariu (Piatra Neamt)

Traducción de Ingles a Español por Catalina Pascariu.
Servicios de traducción disponibles en los siguientes idiomas: español, ingles, rumano.
Detalles de contacto: Correo electrónico: *pascal_catalina@yahoo.com*

CONTENIDO

INTRODUCCIÓN

Conocido por la mayoría de los neoyorquinos por la belleza de sus paisajes y su histórico faro, Montauk Point se encuentra en el extremo más oriental de Long Island. Un poco al oeste del faro, en terrenos del antiguo Fuerte Hero, se yergue una misteriosa y abandonada base de la Fuerza Aérea. Aunque la base fue oficialmente desmantelada y dada de baja por la Fuerza Aérea en 1969, posteriormente se reabrió y continuó funcionando, sin la autorización del Gobierno de los EE.UU.

El financiamiento global de la base constituye igualmente un misterio. No ha sido posible rastrear fondo alguno hasta el ejército o el gobierno. Funcionarios del Gobierno de los EE.UU. han investigado en busca de respuestas, sin éxito.

La clandestinidad de la operación ha hecho que florezcan leyendas a lo largo y ancho de Long Island. Sin embargo, es poco probable que la población local de Montauk, o los propaladores mismos de los cuentos, conozcan la historia completa de lo que realmente sucedió allí.

Para un grupo de adeptos, el Proyecto Montauk constituyó la extensión y culminación de los fenómenos vividos a bordo del *USS Eldridge*, en el año 1943. Popularmente conocido como "Experimento Filadelfia", el barco realmente desapareció mientras la Armada realizaba experimentos de invisibilidad al radar.

Según estos relatos, a estos acontecimientos siguieron más de tres décadas de investigaciones secretas y tecnología aplicada. Entre los experimentos realizados se incluyó la vigilancia electrónica de la mente y el control de distintas poblaciones. El clímax de este trabajo se logró en Montauk Point, en 1983. Fue en ese momento cuando el Proyecto Montauk abrió efectivamente un agujero en el espacio-tiempo, hacia 1943.

Quizás la persona mejor calificada para contar la verdadera historia sea Preston Nichols, ingeniero eléctrico e inventor dedicado a estudiar el Proyecto Montauk durante casi una década. Su interés en el proyecto se vio espoleado, en parte, por circunstancias extrañas en su propia vida. También pudo adquirir, legalmente, mucho del equipo usado en el proyecto. Su constancia en la investigación finalmente le reveló su propio papel como director técnico del proyecto. A pesar del lavado de cerebro y las amenazas para silenciarlo, Nichols sobrevivió y decidió que sería beneficioso para todos el que él contara su historia.

GUÍA PARA EL LECTOR

Como el tema de este libro es tan controversial, nos gustaría ofrecer unas pocas directrices. Este libro es un ejercicio de conciencia. Es una invitación a concebir el tiempo de una manera nueva y a ampliar sus conocimientos sobre el universo. El tiempo gobierna nuestro destino y anuncia nuestra muerte. Aunque sus leyes nos gobiernan, hay mucho que ignoramos sobre el tiempo y sobre cómo se relaciona con nuestra conciencia. Con un poco de suerte, esta información logrará ampliar sus horizontes.

Algunos de los datos incluidos en este libro se pueden considerar como "hechos posibles". Los hechos posibles no son falsos; simplemente carecen de respaldo documental irrefutable. La documentación o evidencia física sólida con capacidad para resistir a un escrutinio constituiría, por su parte, un "hecho comprobado".

Por la naturaleza del tema y por consideraciones de seguridad, ha sido muy difícil obtener hechos comprobados sobre el Proyecto Montauk. Existe, además, un área entre los hechos posibles y los comprobados que podríamos llamar "hechos admisibles". Estos serían muy verosímiles, pero no tan fácilmente demostrables como un hecho comprobado.

Cualquier investigación seria revelará que el Proyecto Montauk efectivamente existió. Del mismo modo, es posible encontrar personas que fueron objeto de experimentos, de una u otra manera.

Este libro no pretende probar nada. Su propósito es contar una historia de interés esencial para los investigadores científicos, para los metafísicos y para los ciudadanos del planeta Tierra. Es la historia de un individuo en particular y de su círculo de contactos. Se espera que más personas se atreverán a hablar y que los científicos sacarán a la luz nuevas investigaciones y documentación.

Presentamos este trabajo como no ficción, ya que al leal saber y entender de los autores, la obra no contiene falsedades. Sin embargo, también se puede leer como ciencia ficción pura, si el lector así lo prefiere.

Hemos incluido un pequeño glosario al final, para ayudar con los términos electrónicos corrientes y aquellos de naturaleza más esotérica. Los hombres de ciencia que lean este libro deben entender que las definiciones están diseñadas para la comprensión de los lectores en general. No se supone que sean parte del argot técnico más reciente. De la misma manera, el lector común debe entender que los diagramas en este libro han sido incluidos para beneficio de personas con entrenamiento técnico. Los interesados en profundizar sus conocimientos sobre esos términos y símbolos, pueden consultar un *Manual para Radioaficionados* o un texto de naturaleza similar.

1
EL EXPERIMENTO FILADELFIA

El origen del Proyecto Montauk se remonta a 1943, cuando se investigaba la invisibilidad al radar a bordo del *USS Eldridge*. Como el *Eldridge* estaba estacionado en el Astillero Naval de Filadelfia, los acontecimientos relacionados con el barco se conocen comúnmente como "Experimento Filadelfia". Por haber sido tema de distintos libros y de una película, aquí solamente haremos un pequeño resumen.*

El Experimento Filadelfia era conocido como Proyecto Arco Íris por todos sus tripulantes y operadores. Fue diseñado como un proyecto ultrasecreto, que ayudaría a ponerle término a la Segunda Guerra Mundial. Precursor de la tecnología furtiva de hoy, el Proyecto Arco Íris experimentaba con una técnica para hacer invisibles los barcos ante el radar enemigo. Esto se hacía mediante la creación de una "botella electromagnética," la cual desviaba efectivamente las ondas del radar alrededor del barco. Una "botella electromagnética" cambia el campo electromagnético completo de una zona específica; en este caso, el campo ocupado por el *USS Eldridge*.

Mientras que el objetivo era simplemente lograr que el barco no fuera detectado por el radar, el experimento tuvo un efecto secundario totalmente inesperado y drástico. Hizo al barco invisible a simple vista y lo sacó del continuo espacio-temporal. El barco reapareció de repente en Norfolk, Virginia, a cientos de millas de distancia.

---

* Puede encontrar información adicional sobre el Experimento Filadelfia en el Apéndice E.

A pesar de que el proyecto fue un éxito desde el punto de vista material, constituyó una catástrofe espectacular para las personas involucradas. Mientras el *USS Eldridge* se "trasladó" del Astillero Naval de Filadelfia a Norfolk y de vuelta otra vez, la tripulación estuvo totalmente desorientada. Habían abandonado el universo físico y carecían de cualquier entorno familiar con el cual poder relacionarse. Cuando regresaron al Astillero Naval de Filadelfia, algunos aparecieron incrustados en las mamparas mismas del barco. Aquellos que sobrevivieron presentaban un estado mental de desorientación y terror absolutos.

La tripulación fue luego dada de baja como "mentalmente incapacitada", tras haber pasado un tiempo considerable en rehabilitación. Su condición de "mentalmente incapacitados" resultó muy útil a la hora de desacreditar sus historias.

Esto dejó al Proyecto Arco Íris en un punto muerto.

Aunque se había logrado un importante avance, no existía certeza alguna de que los seres humanos pudieran sobrevivir a experimentos adicionales. Era demasiado riesgoso. El Dr. John von Neumann, quien lideraba el proyecto, fue entonces transferido al Proyecto Manhattan. Este involucraba la realización de la bomba atómica, que se convirtió en el arma elegida para terminar la Segunda Guerra Mundial.

Aunque no se conoce mucho al respecto, la amplia investigación que comenzó con el Proyecto Arco Íris se reanudó a finales de la década de los 40. La investigación continuó, hasta culminar con la apertura de un agujero espacio-temporal en Montauk, en 1983. El propósito de este libro es ofrecer una visión general de la investigación y eventos posteriores al Experimento Filadelfia y hasta el año 1983, en Montauk. Comenzaré por contarles cómo yo, Preston Nichols, me tropecé con ellos.

2
MONTAUK DESCUBIERTO

En 1971, empecé a trabajar para BJM*, un contratista de defensa reconocido de Long Island. A lo largo de los años obtuve un diploma en ingeniería eléctrica y me convertí en especialista en el fenómeno electromagnético. En aquella temporada no tenía conocimiento del Experimento Philadelphia o sus fenómenos acompañantes.

Aunque en aquel entonces no mostraba mucho interés en lo paranormal, había obtenido una beca para estudiar telepatía mental y determinar si el fenómeno era verdad o no. Mi intención fue aportar pruebas en contra de ello pero me sorprendí a mí mismo al descubrir que en verdad era real.

Empecé mi investigación y descubrí que la comunicación telepática operaba en base a principios muy parecidos a las ondas de radio. Había descubierto una onda que se podría denominar "onda telepática". En ciertos respectos se comportaba como una onda de radio. Me propuse conseguir las características de esta "onda telepática". Estudie sus longitudes de onda y otros hechos pertinentes.

Establecí que a pesar de que la onda telepática se comportaba como una onda de radio, no era exactamente lo mismo. Si bien se propaga de una manera similar a la de la onda electromagnética y posee propiedades idénticas, no todo ello se ajusta a las funciones normales de la onda.

Todo esto me parecía fascinante. Había descubierto una función electromagnética completamente innovadora que no

* BJM es un nombre ficticio para la compañía por la cual trabajé.

se encontraba en ninguno de los libros que se habían pasado por mis manos.

Quería aprender todo lo que podía y estudiar todas las actividades que podrían emplear este tipo de función. Mi interés en la metafísica había sido puesto en marcha.

Seguí investigando durante mi tiempo libre y colaboré con distintos psíquicos para probar y monitorizar sus varias respuestas. En 1974, me di cuenta de un fenómeno peculiar que era común para todos los psíquicos con los que había trabajado. Cada día, sobre la misma hora, sus mentes se bloqueaban. No podrían pensar eficazmente. Pensando que la interferencia se debía a una señal electrónica, utilice el equipo radio y correlacioné lo que se transmitía por las ondas aéreas durante el tiempo cuando los psíquicos no eran funcionales. Siempre que se emitía un ciclo de 410-420 MHz (Megahertz) sus mentes se bloqueaban. Cuando el ciclo de 410-420 MHz se apagaba, los psíquicos abrían de nuevo el canal después de unos veinte minutos. Era evidente que esa señal impedía mucho la habilidad de los psíquicos.

Decidí rastrear esa señal. Coloqué una antena TV modificada sobre el techo de mi coche, agarré un receptor VHF y comencé a buscar la fuente de la señal. La rastreé justo en el Centro Montauk. Venía directamente de una antena roja y blanca radar desde la base de las Fuerzas Aéreas.

A principios pensé que esa señal podría haber sido generado accidentalmente. Lo verifiqué y descubrí que la base aún era activa. Desgraciadamente, la seguridad era muy estricta y la guardia no proporcionaba ninguna información útil. Decían que el radar era para un proyecto dirigido por FAA.

No pude insistir más en el tema. En realidad su afirmación no tenía mucho sentido. Este era un sistema de defensa del Segundo Guerra Mundial llamado "SAGE Radar". Era totalmente anticuado y no había ninguna razón conocida por la cual FFA hubiera necesitado tal sistema. No les creí pero no pude evitar quedarme intrigado. Desafortunadamente había llegado a un callejón sin salida.

Seguí con mi investigación sobre psíquicos pero no hice muchos progresos con la investigación sobre la antena de Montauk hasta 1984, cuando un amigo mío me llamó por teléfono. Me dijo que el lugar era abandonado en ese momento y que debería ir allí y chequearlo. Me fui. Efectivamente era abandonado y había escombros por todos los lados. Ví un extintor por entre muchos documentos esparcidos. El portón era abierto y también las ventanas y las puertas del edificio. Esto no es la forma en que las fuerzas militares normalmente abandonan una base.

Me dí unos paseos por el área. Lo primero que noté fue un equipo de alto voltaje. Estaba muy interesado pues era el deleite de un ingeniero de radio. Soy un coleccionista aficionado de dispositivos y equipos de radio y quería comprarlos. Me imaginé que iban a ser disponibles a un precio barato si hacia los arreglos adecuados por medio de la agencia Surplus Disposal Agency* de Michigan.

Después de examinar todo el equipo, contacté con la agencia de eliminación de excedentes y hablé con una señora muy amable. Le dije lo que quería y me dijo que iba a ver que se podía hacer. Parecía ser material abandonado y se veía como un contrato sin valor. Si esto resultaba ser así podría coger lo que quería. Desafortunadamente no tuve ninguna noticia de ella así que volví a llamarla 3 semanas después. Me informó que no habían tenido éxito con rastrear el equipo. No pudieron descubrir quién era el propietario. Ni las fuerzas militares o la GSA (Administración de Servicios Generales) pretendían saber algo de ello. Afortunadamente la agencia Surplus Disposal Agency dijo que seguiría con la investigación del asunto más lejos. La llamé de nuevo

* Agencia de Eliminación de Excedentes

después de una o dos semanas. Me dijo que me iba a poner en contacto con John Smith (nombre ficticio), que era situado en un terminal militar del extranjero en Bayonne, New Jersey.

"Habla con él, y él hará los arreglos oportunos," dijo ella. "Nos gusta tener satisfechos a nuestros clientes."

Me encontré con John Smith. No quería hablar del tema por teléfono. Me dijo que nadie admitía oficialmente ser propietario de ese equipo. Por lo que a ellos le respetaban, el equipo se encontraba abandonado y yo podía ir y coger lo que quería. Me entregó una hoja de papel que parecía oficial diciendo que lo enseñara a cualquiera que cuestionase mi presencia en la zona. No era un documento oficial, y tampoco era sellado por alguna autoridad, pero me aseguró de que iba a mantener a distancia a la policía. También me remitió al vigilante de la Base de la Fuerza Aérea de Montauk quien tenía que mostrarme los alrededores.

3
UNA VISITA A MONTAUK

Volví a la base en una semana. Allí encontré al vigilante, Sr. Anderson. Resultó ser muy útil. Me dijo que tuviera cuidado y me enseñó donde estaban las cosas para evitar caer por el suelo, y este tipo de advertencias. Dijo que era libre de coger todo lo que podía en esa visita pero que si me volviera a ver por allí habría que echarme. Al final su trabajo era mantener a la gente fuera de la base. Se dio cuenta de que la autorización que traía era como mucho semi-oficial. También fue suficientemente amable para decirme que cada tarde a las 7 P.M. salía para tomarse algo.

Hice la visita a Montauk con un conocido llamado Brian. Brian era un psíquico que me había ayudado en mi investigación. Mientras buscábamos por la base nos separamos y nos fuimos en dos direcciones distintas. Entré en un edificio y ví a un hombre que parecía una persona sin hogar. Me dijo que estuvo viviendo en el edificio desde que la base había sido abandonada. También me comentó que hace un año hubo un gran experimento allí y que todo se había ido de las manos. Aparentemente, el mismo había sido incapaz de superarlo.

De hecho, el hombre me reconoció pero yo no tenía idea de quien era o de que hablaba. Pero sí escuché su historia. Dijo que el habia sido ingeniero técnico dentro de la base y que había estado ausento del proyecto sin permiso. Se había marchado del proyecto justo antes de que hubieran abandonado la base. Decía algo sobre la aparición de un monstruo que había asustado y alejado a todos. Me contó mucho sobre los detalles técnicos de la maquinaria y cómo funcionaba el sistema. También dijo algo que me pareció muy extraño. Me dijo que se acordaba de mi perfectamente. De hecho, yo había sido su jefe en el proyecto. Por supuesto, pensé que era un enorme disparate.

En ese momento no sabía si habia algo verdad en su historia. Este era solo el inicio de mi descubrimiento que el Proyecto Montauk era real.

Dejé al hombre y busqué a Brian. Se quejaba de que las cosas no iban bien y de que percibía una vibraciones muy raras. Decidí solicitarle que hiciese una lectura psíquica justo en el lugar. Curiosamente, su lectura fue similar a la historia del vagabundo. Hablaba de patrones de tiempo irregulares, del control de la mente y de una bestia feroz. Mencionó que habian afectado a los animales que chocaban contra las ventanas. El control mental fue el foco principal de la lectura de Brian.

La lectura fue interesante pero estabamos allí para transportar el quipo. Gran parte de este pesaba mucho y no se nos dió permiso para traer un vehiculo justo en la base. Tuvimos que llevarlo con la mochila. De este modo pude adquirir gran cantidad del equipo dejado atras del Proyecto Montauk.

Unas semanas despues me sorprendí por la visita de alguien quien irrumpió en mi laboratorio. Entró directamente en el laboratorio que era situado en la parte trasera de la casa. No tocó el timbre ni nada de eso. Aseguraba que me conocía y me dijo que yo había sido su jefe. Pasó a explicarme muchos de los detalles técnicos del Proyecto Montauk. Su relato corroborró lo que el psiquico y el vagabundo me habían dicho. No le reconocí pero escuché todo lo que tenía que decirme.

Estaba seguro de que algo habia ocurrido en la base de Montauk pero no sabía que exactamente. Mi implicación personal era evidente pero todavia no lo tomaba muy en serio. Sin embargo, me desconcertaba que tanta gente distinta me reconocía. Tenía que convertir la investigación de Montauk en un asunto propio. Asi que me fui y monté la tienda de campaña en la playa por una semana. Salí por los bares y pregunté en los locales sobre información relativa a la base. Hablé con personas en la playa, en la calle, por todos los sitios en los que los encontraba. Pregunté sobre las actividades extrañas que supuestamente habían ocurrido.

Seis personas distintas dijeron que había nevado en el medio de Agosto. Hubo programaciones sobre vientos de fuerza similar a huracanos que aparecían de la nada. Hubo reportajes sobre tormentas eléctricas, relámpagos y granizo bajo circunstancias exceptionales. Aparecían cuando anteriormente no se había producido ninguna prueba meteorológica para anticiparlos.

Tambien circulaban otras historias raras aparte del tiempo. Estas incluían relatos de animales que venian en la ciudad en masse y chocaban contra las ventanas. Hasta ese momento, había llevado distintos psíquicos en la base. Las historias confirmaban lo que los psiquicos habian sido capaces de establecer mediante su sensibilidad.

Finalmente tuve la idea de hablar con el jefe de la Policia quien tambien me informó de los acontecimientos extraños. Por ejemplo, se cometían delitos durante dos horas. Después, de repente, nada. Tenga en cuenta que Montauk es una ciudad muy pequeña. Después de la tranquilidad, seguía otro periodo de dos horas de delitos. Circulaba el rumor de que los adolescentes se juntaban en masa inesperadamente, luego se separaban de manera misteriosa y cada uno iba por su camino. El jefe de la Policia no lo pudo explicar, pero sus afirmaciones confirmaron lo que los psíquicos habían indicado sobre los experimentos de control mental.

Había recogido cierta información realmente peculiar pero no tenia muchas respuestas. No obstante, empecé a desconfiar mucho. Habia hecho muchos viajes en los festivales Ham-fests, (donde se compra y se vende equipo de radio Ham) y allí me reconoció mucha gente. No tenia idea de quienes eran, pero hablaba con ellos y les preguntaba sobre Montauk. A medida que lo hacía, recibí mas información pero todo todavía permanecia envuelto en un verdadero misterio.

BASE DE LA FUERZA AEREA DE MONTAUK
Panorama, mirando al norte. El ordenador de centro de control está a la derecha. Justo detrás de el hay un edificio de oficinas. El edificio redondo de la izquierda es un edificio radar que fue utilizado tambien como depósito.

REFLECTOR RADAR

Arriba hay un reflector radar enorme ubicado sobre el edificio transmisor de la Base de Fuerza Aérea Montauk. Casi un campo de futbol de longitud, fue utilizado a principios del experimento para emitir funciones de control de los estados emocionales.

4
LA APARICIÓN DE DUNCAN

En noviembre de 1984, otro hombre apareció en la puerta de mi laboratorio. Se llamaba Duncan Cameron. Tenía una pieza de equipo de radio y quería saber si le podia ayudar con ella. Se quedó absorto rapidamente en el grupo de psiquicos con los que trabajaba entonces. Ese esfuerzo era una continuación de mi línea original de investigación. Duncan mostró una aptitud alta por ese tipo de trabajo y era extremadamente entusiasta. Pensaba que era demasiado bueno para ser verdad y empecé a sospechar de el. Brian, mi asistente, sentía lo mismo. No le gustó la implicación repentina de Duncan y decidió ir por su propio camino.

En un momento determinado, le sorprendí a Duncan diciéndole que le iba a llevar conmigo a un cierto lugar para ver si lo reconocía. Le llevé a la Base de la Fuerza Aérea de Montauk. No solo lo reconoció sino me dijo incluso cúal era el propósito de varios edificios. Sabía exactamente donde estaba situado el tablero de anuncios en el caos del pasillo y otros detalles insignifiantes de esas. Obviamente, había estado allí antes. Conocía el sitio como la palma de su mano. Proporcionó nueva informacion sobre la naturaleza de la base y cúal había sido su functión. Los comentarios de Duncan encajaban bien con los datos que había recogido anteriormente. Cuando Duncan pasó al edificio transmisor de repente entró en trance y empezó a soltar información. Era muy curioso, pero tuve que sacudirle repetidamente para sacarle de ese estado. Cuando regresamos al laboratorio apliqué las técnicas que habia aprendido para desbloquear la memoria de Duncan. Duncan descargaba muchas capas de programación. Mucho de la información tenía que ver con el Proyecto Montauk.

Muchas cosas salieron a la luz hasta que finalmente un programa aterrador volvió a la mente consciente de Duncan. Soltó que había sido programado para venir a mi casa, hacerse mi amigo y luego matarme y hacer explotar el laboratorio entero. Todo mi trabajo hubiera quedado destruido por completo. Duncan parecía estar mas enfadado con todo esto que yo. Juró que no iba a ayudar más a los que le habían programado, y ha seguido trabajando conmigo desde entonces. El labor ulterior al lado de Duncan reveló información aún mas extraña. Había sido involucrado en el experimento de Filadelfia. Dijo que su hermano Edward y él habían prestado servicios a bordo de la nave *Eldridge* como miembros de la tripulación.*

Muchas cosas emergieron como resultado de mi trabajo con Duncan. Empecé a recordar cosas sobre el Proyecto Montauk y estaba seguro de que había sido implicado. Solo que no sabía el como o por qué. El misterio se estaba aclarando poco a poco. Descubrí que Duncan era un psíquico muy operacional y a través de él pude confirmar información nueva.

* Hay un relato del papel de Duncan en el Experimento de Philadelphia en el libro *The Philadelphia Experiment & Other UFO Conspiracies* (*El Experimento Philadelphia y Otras Conspiraciones de OVNI*) por Brad Steiger con Al Bielek y Sherry Hanson Steiger.

5
UNA CONSPIRACIÓN REVELADA

Hice varios viajes a Montauk, muchas veces con gente distinta que había sido implicada. Un pequeño grupo de nosotros empezo a darse cuenta de que habíamos tropezado con uno de los proyectos de mas alta seguridad que el país había conocido. Pensamos que teníamos que hacer algo muy rápido con ese nuevo conocimiento descubierto. De lo contrario, hubiéramos podido acabar muertos.

Como grupo, decidimos que teníamos que tomar alguna acción. No sabíamos exactamente que hacer, asi que nos sentamos y lo analizamos. ¿Que era lo mejor que podríamos hacer? ¿Publicarlo? ¿De inmediato? Hablamos sobre ello extensivamente. En el Julio de 1986, decidimos que debería ir a la Asociación Psicotrónica de los Estados Unidos (USPA) de Chicago y hablar de ello. Lo hice y se armó un gran alboroto. La noticia llego rápidamente a los oídos de los que no querían que la historia de Montauk fuese revelada. De repente, allí estaba yo, dando una conferencia inopinada. La información llegó a cientos de personas, y eso ayudo considerablemente a mantener nuestra seguridad. No nos podrían patear debajo de la alfombra sin generar furor público. A día de hoy aun aprecio el foro abierto y libre expressión que me ha facilitado la USPA.

Después, decidimos proporcionar la informacion al gobierno federal. Uno de mis asociados conocía al sobrino de un senador de rango alto de Southwest. El sobrino, al que le llamaremos Lenny, trabajó por el Senador. Le dimos la información a Lenny, quien la trasladó a su tío. Esa información abarcaba fotos de las órdenes dadas a distinto personal militar que habíamos encontrado desparramados por la base.

El Senador hizo una investigación personal y confirmó que unos ingenieros técnicos militares sí habían sido desplazados a la base. El Senador tambien descubrió que la base estaba desmantelada, deshabitada y dejada inactiva desde el 1969. Después de haber servido a su país como general de la Fuerzas Aéreas, estaba particularmente interesado en saber porqué el personal de la Fuerzas Aéreas estaba trabajando en una base abandonada. Y de donde salió el dinero para abrir la base y mantenerla en funcionamiento.

Despues de haber hecho sus propias investigaciones y haber visto las fotos y documentación que les habíamos proporcionado, nu hubo mas dudas de que la base habia sido operativa. Confirmaron que Fort Hero (que es el nombre de la base original de la Primera Guerra Mundial que rodea toda el área de la base de las Fueryas Aéreas) y Montauk estaban de verdad abandonadas y registradas como propiedad de General Services Administration desde el 1970.

El Senador se implicó mucho y viajó a Long Island para descubrir todo lo que podría sobre la Base de las Fuerzas Aéreas de Montauk. No fue recibido con cooperación entusiasta a pesar de tener credenciales personales muy impresionantes. La gente contaba haberlo visto mirando por las vallas e intentando descubrir lo que estaba sucediendo. Me hizo una visita y me dijo que mantuviera la discreción sobre el asunto puesto que hablar mas del tema podría poner en peligro su investigación. Este es el motivo por el cual he mantenido esta historia en secreto hasta el momento.

Al final de su investigación, el Senador no pudo encontrar ningún rastro de financiación gubernamental, ninguna dotación, ningún comité de supervisión, y ningún pago. Con el tiempo se jubiló debido a su edad avanzada, pero desde entonces Lenny me lleva informando de que él no ve ningún inconveniente en cuanto a hacer pública mí historia. Tambien me dijo que el Senador todavía estaba pendiente del tema y que la investigación se había vuelto a abrir.

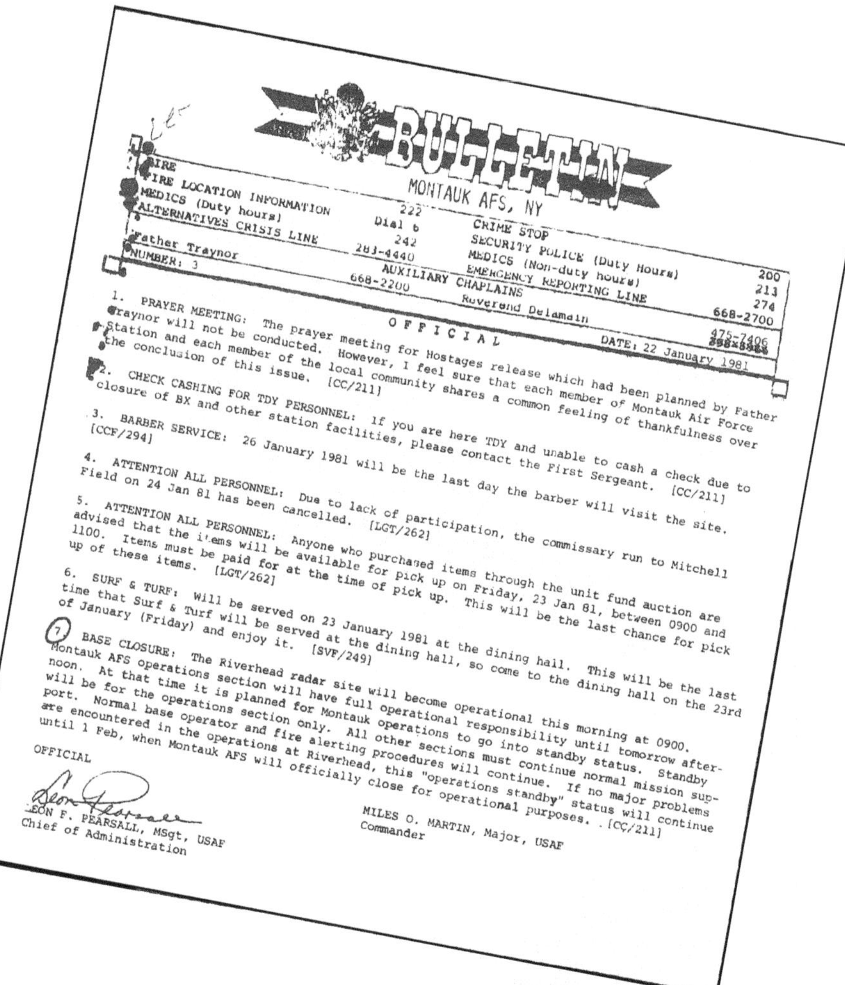

BULLETIN

MONTAUK AFS, NY

FIRE 222
FIRE LOCATION INFORMATION Dial 6
MEDICS (Duty hours) 242
ALTERNATIVES CRISIS LINE 283-4440
Father Traynor 668-2200
NUMBER: 3

CRIME STOP 200
SECURITY POLICE (Duty Hours) 213
MEDICS (Non-duty hours) 274
EMERGENCY REPORTING LINE 668-2700
AUXILIARY CHAPLAINS
Reverend Delamain 475-7406

O F F I C I A L

DATE: 22 January 1981

1. PRAYER MEETING: The prayer meeting for Hostages release which had been planned by Father Traynor will not be conducted. However, I feel sure that each member of Montauk Air Force Station and each member of the local community shares a common feeling of thankfulness over the conclusion of this issue. [CC/211]

2. CHECK CASHING FOR TDY PERSONNEL: If you are here TDY and unable to cash a check due to closure of BX and other station facilities, please contact the First Sergeant. [CC/211]

3. BARBER SERVICE: 26 January 1981 will be the last day the barber will visit the site. [CCF/294]

4. ATTENTION ALL PERSONNEL: Due to lack of participation, the commissary run to Mitchell Field on 24 Jan 81 has been cancelled. [LGT/262]

5. ATTENTION ALL PERSONNEL: Anyone who purchased items through the unit fund auction are advised that the items will be available for pick up on Friday, 23 Jan 81, between 0900 and 1100. Items must be paid for at the time of pick up. This will be the last chance for pick up of these items. [LGT/262]

6. SURF & TURF: Will be served on 23 January 1981 at the dining hall. This will be the last time that Surf & Turf will be served at the dining hall, so come to the dining hall on the 23rd of January (Friday) and enjoy it. [SVF/249]

7. BASE CLOSURE: The Riverhead radar site will become operational this morning at 0900. Montauk AFS operations section will have full operational responsibility until tomorrow afternoon. At that time it is planned for Montauk operations to go into standby status. Standby will be for the operations section only. All other sections must continue normal mission support. Normal base operator and fire alerting procedures will continue. If no major problems are encountered in the operations at Riverhead, this "operations standby" status will continue until 1 Feb, when Montauk AFS will officially close for operational purposes. [CC/211]

OFFICIAL

LEON F. PEARSALL, MSgt, USAF
Chief of Administration

MILES O. MARTIN, Major, USAF
Commander

ORDENES DE LAS FUERZAS AEREAS

Las ordenes de arriba y de las siguientes paginas fueron encontradas dispersas por la base durante una visita autorizada. Establecieron que la base estaba realmente activa e incluía personal militar. Los nombres en algunos de los documentos fueron tachados para proteger la privacidad de las personas en particular implicadas.

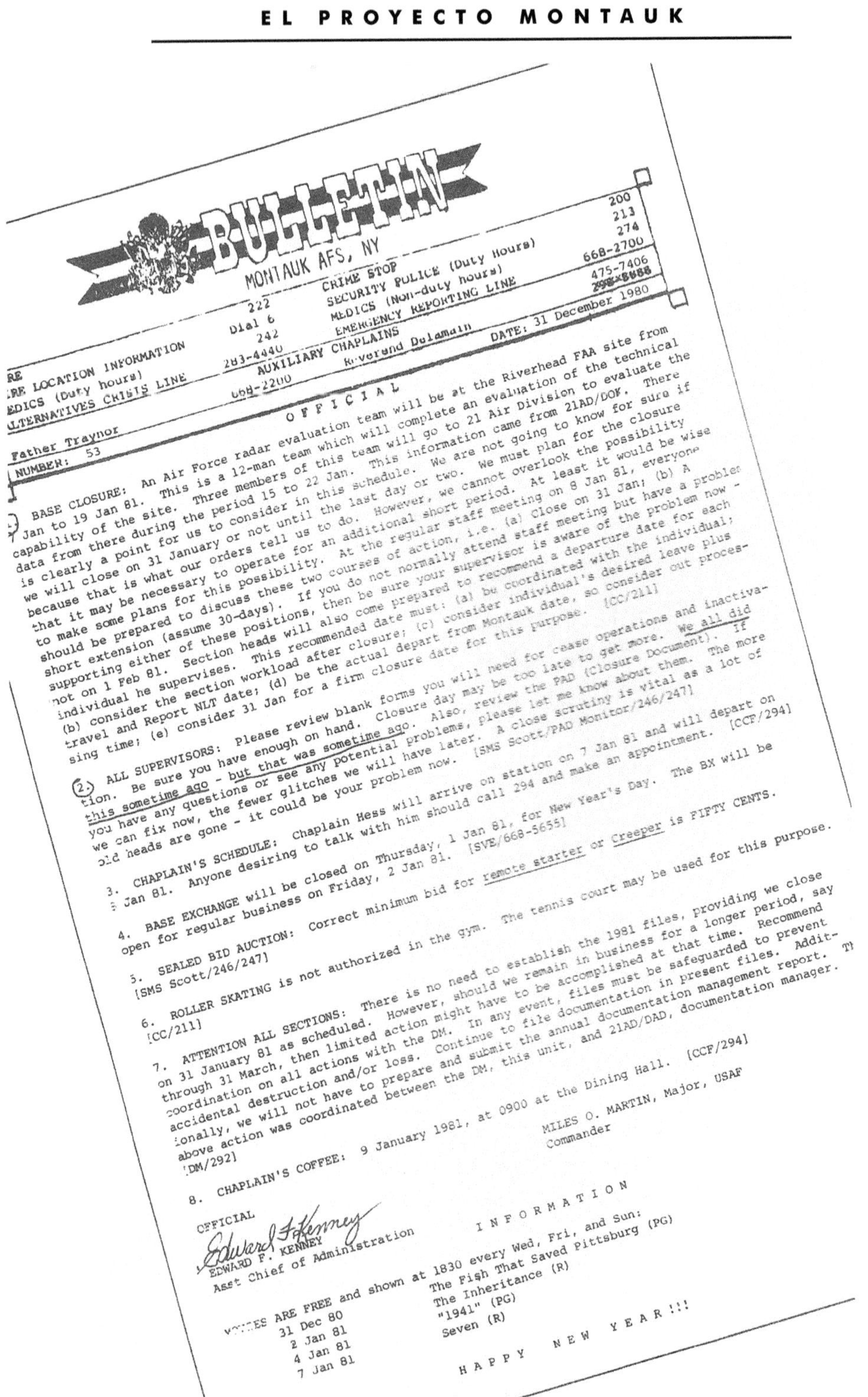

BULLETIN

MONTAUK AFS, NY

RE	222	CRIME STOP	200
RE LOCATION INFORMATION	Dial 6	SECURITY POLICE (Duty Hours)	213
EDICS (Duty hours)	242	MEDICS (Non-duty hours)	274
LTERNATIVES CRISIS LINE	283-4440	EMERGENCY REPORTING LINE	668-2700
	668-2200	AUXILIARY CHAPLAINS	475-7406
Father Traynor		Reverend Delamain	298-8688

NUMBER: 53 DATE: 31 December 1980

O F F I C I A L

1. BASE CLOSURE: An Air Force radar evaluation team will be at the Riverhead FAA site from 7 Jan to 19 Jan 81. This is a 12-man team which will complete an evaluation of the technical capability of the site. Three members of this team will go to 21 Air Division to evaluate the data from there during the period 15 to 22 Jan. This information came from 21AD/DOY. There is clearly a point for us to consider in this schedule. We are not going to know for sure if we will close on 31 January or not until the last day or two. We must plan for the closure because that is what our orders tell us to do. However, we cannot overlook the possibility that it may be necessary to operate for an additional short period. At least it would be wise to make some plans for this possibility. At the regular staff meeting on 8 Jan 81, everyone should be prepared to discuss these two courses of action, i.e. (a) Close on 31 Jan; (b) A short extension (assume 30-days). If you do not normally attend staff meeting but have a problem supporting either of these positions, then be sure your supervisor is aware of the problem now - not on 1 Feb 81. Section heads will also come prepared to recommend a departure date for each individual he supervises. This recommended date must: (a) be coordinated with the individual; (b) consider the section workload after closure; (c) consider individual's desired leave plus travel and Report NLT date; (d) be the actual depart from Montauk date, so consider out processing time; (e) consider 31 Jan for a firm closure date for this purpose. [CC/211]

2. ALL SUPERVISORS: Please review blank forms you will need for cease operations and inactivation. Be sure you have enough on hand. Closure day may be too late to get more. We all did this sometime ago - but that was sometime ago. Also, review the PAD (Closure Document). If you have any questions or see any potential problems, please let me know about them. The more we can fix now, the fewer glitches we will have later. A close scrutiny is vital as a lot of old heads are gone - it could be your problem now. [SMS Scott/PAD Monitor/246/247]

3. CHAPLAIN'S SCHEDULE: Chaplain Hess will arrive on station on 7 Jan 81 and will depart on 8 Jan 81. Anyone desiring to talk with him should call 294 and make an appointment. [CCF/294]

4. BASE EXCHANGE will be closed on Thursday, 1 Jan 81, for New Year's Day. The BX will be open for regular business on Friday, 2 Jan 81. [SVE/668-5655]

5. SEALED BID AUCTION: Correct minimum bid for remote starter or Creeper is FIFTY CENTS. [SMS Scott/246/247]

6. ROLLER SKATING is not authorized in the gym. The tennis court may be used for this purpose. [CC/211]

7. ATTENTION ALL SECTIONS: There is no need to establish the 1981 files, providing we close on 31 January 81 as scheduled. However, should we remain in business for a longer period, say through 31 March, then limited action might have to be accomplished at that time. Recommend coordination on all actions with the DM. In any event, files must be safeguarded to prevent accidental destruction and/or loss. Continue to file documentation in present files. Additionally, we will not have to prepare and submit the annual documentation management report. The above action was coordinated between the DM, this unit, and 21AD/DAD, documentation manager. [DM/292]

8. CHAPLAIN'S COFFEE: 9 January 1981, at 0900 at the Dining Hall. [CCF/294]

MILES O. MARTIN, Major, USAF
Commander

OFFICIAL

Edward F. Kenney
EDWARD F. KENNEY
Asst Chief of Administration

I N F O R M A T I O N

MOVIES ARE FREE and shown at 1830 every Wed, Fri, and Sun:

31 Dec 80	The Fish That Saved Pittsburg (PG)
2 Jan 81	The Inheritance (R)
4 Jan 81	"1941" (PG)
7 Jan 81	Seven (R)

H A P P Y N E W Y E A R !!!

REQUEST AND AUTHORIZATION FOR CHANGE OF ADMINISTRATIVE ORDERS
(If more space is required, use reverse, identifying items by number)

TO: DAAO

FROM: DPMUO

TELEPHONE 3217

THE FOLLOWING ORDER IS ☒ AMENDED AS SHOWN IN ITEM 5 ☐ RESCINDED ☐ REVOKED

IDENTIFICATION OF ORDER BEING CHANGED (Issued by this Headquarters unless otherwise stated in item 6.)

1. BASIC ORDER

A. PARA	B. ORDER (Type and Number)	C. DATE	D. TED
	SO AA-837	20 MAY 80	SEP 80

2. PREVIOUSLY AMENDED BY

A. PARA	B. ORDER (Type and Number)	C. DATE
	SO AA-1896	10 NOV 80

3. RELATING TO (TDY, PCS, ...): ☒ PCS WITH PCA (EDCSA) ☐ PCS WITHOUT PCA

PCS TO 966 AWACTS (TAC) TINKER AFB, OK 73145/CAFSC: 30554/RNLTD: 31 MAR 81/AAN: 0 900TN0177

4. IDENTIFICATION OF INDIVIDUALS TO WHOM CHANGE ACTION PERTAINS

A. GRADE	B. LAST NAME, FIRST, MIDDLE INITIAL	C. AFSN AND SSAN OR CIVILIAN POSITION TITLE	D. ORGANIZATION
SGT	RONNIE A. GONE	280-64-4572	773 RADS (TAC)

5. AMENDMENT (Identify item in order being amended)

A. ITEM	AS READS	IS AMENDED TO READ
1	SRA	SGT
13	DET 01 AA20 ADS (SAGE) RONNIE A. 280-64-4572	966 AWACTS (TAC) RONNIE A. 280-64-4572
12	OCEANA/SOUCEK FLD VA 23460	TINKER AFB, OK 73145
37	1	9
	1 CSG/DPMUM LANGLEY AFB, VA 23665	2854 ABG/DPMUM TINKER AFB, OK 73145

B. ITEM: 5

IS AMENDED TO (Include) (Delete)

INCLUDE: MBR IS SCHEDULED TO ATTEND THE FOLLOWING CRS TDY ENROUTE PCS. CRS S-V86-A WATER SURVIVAL TRAINING COURSE AT HOMESTEAD AFB, FL, CLASS 81043, START 10 MAR - GRAD 13 MAR 81. MBR WILL BE ATTACHED TO THE 3613 (SEE REVERSE)

6. REMARKS

CIC: 5713500 321 5863.0* S503725
TAC: 5713500 321 5868.ON S503725
TDY EXPENSE CHARGEABLE TO: 5713400 301 04A328 04A329 A8 S525002

7. DATE: 20 JAN 81

8. ORDERS ISSUING/APPROVING OFFICIAL (Typed name, grade, and title): JERRY E. , TSGT, USAF NCOIC, OUTBOUND ASSIGNMENTS

9. SIGNATURE

10. DESIGNATION AND LOCATION OF HEADQUARTERS: DEPARTMENT OF THE AIR FORCE HQ 438TH MILITARY AIRLIFT WING (MAC) MCGUIRE AIR FORCE BASE, NEW JERSEY 0864

11. ORDER (Type and Number): SO AA-108

12. DATE: 20 Jan 81

13. TDN: FOR THE COMMANDER

14. DISTRIBUTION: "A"

15. SIGNATURE ELEMENT OF ORDERS AUTHENTICATING OFFICIAL

HEADQUARTERS OFFICIAL 438TH MILITARY AIRLIFT WING

WILLIAM ..., Captain, USAF
Chief, Central Base Administration

AF FORM 973 JUL 70 PREVIOUS EDITION WILL BE USED

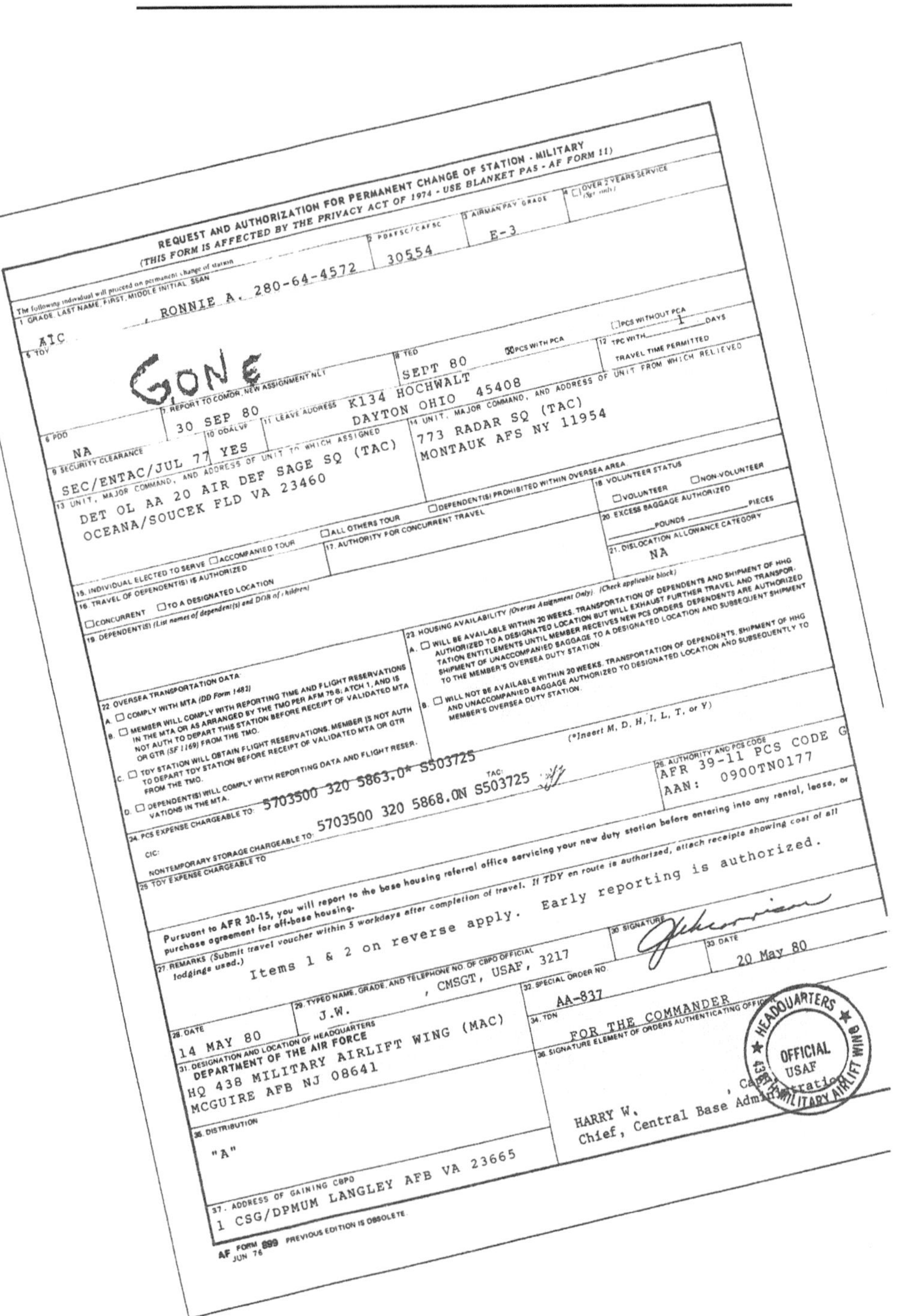

REQUEST AND AUTHORIZATION FOR PERMANENT CHANGE OF STATION - MILITARY
(THIS FORM IS AFFECTED BY THE PRIVACY ACT OF 1974 - USE BLANKET PAS - AF FORM 11)

The following individual will proceed on permanent change of station

1 GRADE, LAST NAME, FIRST, MIDDLE INITIAL, SSAN: A1C , RONNIE A. 280-64-4572

2 PDAFSC/CAFSC: 30554

3 AIRMAN PAY GRADE: E-3

4 ☐ OVER 2 YEARS SERVICE

5 TDY

GONE

6 PDD: NA

7 REPORT TO COMDR, NEW ASSIGNMENT NLT: 30 SEP 80

8 TED: SEPT 80

☒ PCS WITH PCA

☐ PCS WITHOUT PCA

9 SECURITY CLEARANCE: SEC/ENTAC/JUL 77

10 DDALVP: YES

11 LEAVE ADDRESS: K134 HOCHWALT DAYTON OHIO 45408

12 TPC WITH 1 DAYS TRAVEL TIME PERMITTED

13 UNIT, MAJOR COMMAND, AND ADDRESS OF UNIT TO WHICH ASSIGNED: DET OL AA 20 AIR DEF SAGE SQ (TAC) OCEANA/SOUCEK FLD VA 23460

14 UNIT, MAJOR COMMAND, AND ADDRESS OF UNIT FROM WHICH RELIEVED: 773 RADAR SQ (TAC) MONTAUK AFS NY 11954

15 INDIVIDUAL ELECTED TO SERVE ☐ ACCOMPANIED TOUR ☐ ALL OTHERS TOUR ☐ DEPENDENT(S) PROHIBITED WITHIN OVERSEA AREA

16 TRAVEL OF DEPENDENT(S) IS AUTHORIZED ☐ CONCURRENT ☐ TO A DESIGNATED LOCATION

17 AUTHORITY FOR CONCURRENT TRAVEL

18 VOLUNTEER STATUS ☐ VOLUNTEER ☐ NON-VOLUNTEER

19 DEPENDENT(S) (List names of dependent(s) and DOB of children)

20 EXCESS BAGGAGE AUTHORIZED ____ PIECES ____ POUNDS

21 DISLOCATION ALLOWANCE CATEGORY: NA

22 OVERSEA TRANSPORTATION DATA

A. ☐ COMPLY WITH MTA (DD Form 1482)

B. ☐ MEMBER WILL COMPLY WITH REPORTING TIME AND FLIGHT RESERVATIONS IN THE MTA OR AS ARRANGED BY THE TMO PER AFM 75-6; ATCH 1, AND IS NOT AUTH TO DEPART THIS STATION BEFORE RECEIPT OF VALIDATED MTA OR GTR (SF 1169) FROM THE TMO.

C. ☐ TDY STATION WILL OBTAIN FLIGHT RESERVATIONS. MEMBER IS NOT AUTH TO DEPART TDY STATION BEFORE RECEIPT OF VALIDATED MTA OR GTR FROM THE TMO.

D. ☐ DEPENDENT(S) WILL COMPLY WITH REPORTING DATA AND FLIGHT RESERVATIONS IN THE MTA.

23 HOUSING AVAILABILITY (Oversea Assignment Only) (Check applicable block)

A. ☐ WILL BE AVAILABLE WITHIN 20 WEEKS. TRANSPORTATION OF DEPENDENTS AND SHIPMENT OF HHG AUTHORIZED TO A DESIGNATED LOCATION BUT WILL EXHAUST FURTHER TRAVEL AND TRANSPORTATION ENTITLEMENTS UNTIL MEMBER RECEIVES NEW PCS ORDERS. DEPENDENTS ARE AUTHORIZED SHIPMENT OF UNACCOMPANIED BAGGAGE TO A DESIGNATED LOCATION AND SUBSEQUENT SHIPMENT TO THE MEMBER'S OVERSEA DUTY STATION.

B. ☐ WILL NOT BE AVAILABLE WITHIN 20 WEEKS. TRANSPORTATION OF DEPENDENTS, SHIPMENT OF HHG AND UNACCOMPANIED BAGGAGE AUTHORIZED TO DESIGNATED LOCATION AND SUBSEQUENTLY TO MEMBER'S OVERSEA DUTY STATION.

(*Insert M, D, H, I, L, T, or Y)

24 PCS EXPENSE CHARGEABLE TO: 5703500 320 5863.0* S503725 / 5703500 320 5868.0N S503725

TAC:

NONTEMPORARY STORAGE CHARGEABLE TO: 5703500 320 5868.0N S503725

CIC:

25 TDY EXPENSE CHARGEABLE TO

26 AUTHORITY AND PCS CODE: AFR 39-11 PCS CODE G AAN: 0900TN0177

27 REMARKS: Pursuant to AFR 30-15, you will report to the base housing referral office servicing your new duty station before entering into any rental, lease, or purchase agreement for off-base housing. (Submit travel voucher within 5 workdays after completion of travel. If TDY en route is authorized, attach receipts showing cost of all lodgings used.) Early reporting is authorized. Items 1 & 2 on reverse apply.

28 DATE: 14 MAY 80

29 TYPED NAME, GRADE, AND TELEPHONE NO. OF CBPO OFFICIAL: J.W. , CMSGT, USAF, 3217

30 SIGNATURE

31 DESIGNATION AND LOCATION OF HEADQUARTERS: DEPARTMENT OF THE AIR FORCE HQ 438 MILITARY AIRLIFT WING (MAC) MCGUIRE AFB NJ 08641

32 SPECIAL ORDER NO: AA-837

33 DATE: 20 May 80

34 TDN

35 SIGNATURE ELEMENT OF ORDERS AUTHENTICATING OFFICIAL: FOR THE COMMANDER

HARRY W. , Chief, Central Base Administration

HEADQUARTERS ★ OFFICIAL USAF ★ 438TH MILITARY AIRLIFT WING

36 DISTRIBUTION: "A"

37 ADDRESS OF GAINING CBPO: 1 CSG/DPMUM LANGLEY AFB VA 23665

AF FORM 899 JUN 76 PREVIOUS EDITION IS OBSOLETE

6

"PROYECTO MOONBEAM"*

Mientras el Senador buscaba rastro de la documentación que podría revelar los secretos de Montauk, sabía que ello no iba a resolver mis propios misterios en absoluto. Había sido reconocido por personas a las que desconocía y era mas que obvio que había sufrido bloqueos serios de memoria. Lo que hizo que la cosas fuesen tan difíciles de reconciliar fue el que tenía un juego completo de memorias "normales" que me indicaban por donde había estado.

Mi memoria mejoró durante mi trabajo al lado de Duncan, y al final me dí cuenta de que era possible que hubiera existido en dos líneas de tiempo distintas. Por muy extraño que pareciese, era la unica explicación razonable bajo las circunstancias.

Como gran parte de mi memoria era bloqueada, se planteaban tres líneas de investigacion del asunto. Primero, podría recordar simplemente la otra línea de tiempo, mediante regresión o hípnosis. Esto resultó ser muy dificil para mi y de hecho practicamente inútil. Segundo, podría buscar datos y pistas (en nuestra línea normal de tiempo) de que la otra línea de tiempo realmente existía. Tercero, podría intentar buscar respuestas por medio de la tecnología. Esto incluiría teorias de como fue creada la otra línea de tiempo y como acabé en ella.

El tercer planteamiento era lo mas fácil. Me dicen que para mucha gente esto podría resultar muy confuso pero yo estaba familiarizado con las teorias del

* Moonbeam = Rayo de luna en Español

Experimento de Filadelfia y no estaba intimidado por la física o la electromagnética. Lo encontraba verosímil. El segundo planteamiento tambien resultó muy útil, pero las pistas eran dificiles de conseguir.

En 1989 empecé a dar vueltas a la planta en BJM donde todavia estaba trabajando. Solía hablar con diferentes personas y sacar toda la información que podía sin levantar sospechas. Tambien solía andar y simplemente sentir mi reacción instintual propia hacia varios sitios de la planta.

Me volvía particularmente nervioso al llegar a una cierta habitación. Mis tripas se revolvían. Percibí muy claramente que había algo en esa habitación que me causaba mucha molestia. Tenía que investigarlo. Toqué el timbre y me dijeron que no podía entrar. Era un area de alta seguridad. Aparentemente, solo diez personas de la planta tenían autorización adecuada para estar en esa habitación.

Descubrí que practicamente nadie sabia algo de ella. Al final, conocí dos personas que habían estado dentro pero me dijeron que no podían contarme nada. Uno se ellos debió de delatarme puesto que que recibí la visita del personal de seguridad muy pronto después. Ya era el momento de retirarme por un tiempo.

Alrededor de un año después de mi investigación sin resultados, la habitación había sido completamente vaciada. Se abrieron las puertas y cualquiera podía entrar. Era evidente que allí había sido instalado todo tipo de equipo. Las marcas de barro mostraban que hubo cuatro objetos colocados en el suelo. Supuse que eran construcciones de bobinas. Estaba claro que allí había estado una consola. También hubo una línea enorme de electricidad que todavía era funcional. El sitio entero me daba escalos fríos pero estaba decidido a encontrar todo lo que podía.

Descubrí un elevador en la parte de atras de la habitación. Entré y solo ví dos botones: Planta Principal y Sub-suelo. Tambien había un teclado numérico. Pulsé el boton para Sub-suelo e intenté bajar pero el elevador se quedo en el mismo nivel. Oí una voz diciéndome que introdujera los números apropiados de contraseña en el teclado. No tenía el código y se disparó un sonido intermitente por unos treinta secundos. La seguridad fue alertada. Había llegado a otro punto muerto.

No ganaba puntos con la seguridad y era el tiempo de retirarme otra vez. Empecé a pensar como hubiera podido mostrar que algo muy raro estaba pasando.

Asimismo, recordé experiencias anteriores extrañas que habían ocurrido mientras trabajaba en BJM. Hubo un periodo cuando, de repente, aparecia una tirita en mi mano. ¡No había estado alli unos quince minutos antes! No recordaba habermelo puesto. Esto pasó en mas de unas cuantas ocasiones.

Un día estaba sentado a mi escritorio y mi mano de repente empezó a doler. Me dolía el dorso de la mano y había una tirita sobre el. Sabía con absoluta certeza que yo no me había puesto una tirita y tampoco me lo puso otra persona. Me volví muy sospechoso. Me levanté y fui a ver a la infermera.

Le dije, "¿Esto puede parecer loco, pero acaso he venido aqui por una tirita?"

"No, no has estado aquí," me contestó.

La pregunté de donde lo habia tenido y me dijo, "¿ Probablemente la has cogido de un botiquín de primeros auxilios. No te acuerdas?"

"Solo estoy intentando entenderlo," dije al salir.

Me dije a mi mismo, "No me voy a coger una tirita en BJM salvo que no sea de la infermera de la compañia." Quise mantener un registro asi que me prometí que no iba a utilizar nunca un botiquín de primeros auxilios.

Finalmente recordé porque habia sustenido tantas heridas en las manos. En mi realidad alternativa, tenía que mover frecuentemente distintos equipos. Era casi el unico que lo podía mover puesto que la mayoria de la gente se volvía loca al acercarse a ellos. Por alguna razón, parecía que a mi no me afectaba. Pero pesaba mucho y era difícil de manipularlos. Como nadie me ayubada, las heridas en las manos y las tiritas se convirtieron en algo habitual.

Respeté la convicción de no utilizar las tiritas de los botiquines de primeros auxilios. Seguí chequeando con la infermera cuando estas aparecían, y los registros comprobaron que nunca había ido a verla.

Como eso era una iregularidad, la infermera debió de haberlo informado a la seguridad. Vinieron a visitarme y me dijeron, "¿Sr. Nichols, porque hace Vd. preguntas sobre tiritas?" Supe mejor que seguir eso mas a fondo.

Recordar esas experiencias con las tiritas me ayudó a recuperar la memoria desde el 1978. Me acordé como un día estaba sentado en mi mesa de trabajo. De repente, sentí el olor de transformadores encendidos. Era un olor acre, como el alquitran encendido. Apareció y desapareció rápidamente. Esto pasó a las 9:00 de la mañana. El resto del día siguió con normalidad hasta las 4:00 de la tarde cuando la planta entera empezó a oler a humo putrido viniendo de los tranformadores encendidos.

Me dije a mi mismo, "Este es el mismo olor que sentí hoy a las 9:00 de la mañana." Pero ahora estaba pensando que probablemente el evento no había ocurrido a las horas que había pensado. No podías tener un transformador quemado y hacer desaparecer el olor al igual de rápido como había pasado esa mañana.

Hubo mucho mas acontecimientos de ese tipo. Cada acertijo tendía a confundir la cuestión general. Flujos de personas desconocidas continuaron a reconocerme. Empecé a recibir correo de ejecutivo que normalmente sería para el vice presidente de una compañia. Por ejemplo, me pidieron que participase en una conferencia que tenía que ver con patentes. No sabía a que se referían. Tambien me programaron para una reunion con un cierto ejecutivo. Parecía muy inquieto siempre que hablabamos.

La mayoria de las consultas que recibía de esas personas trataba sobre el Proyecto Moonbeam. No sabía que era. Pero un día tuve un impulso intuitivo. El sótano del edifico de BJM de Melville tenía una zona de alta seguridad. Conscientemente no tenía autorización para estar en esa zona pero entré de cualquier forma. Normalmente, cuando pasas de una zona de seguridad a otra tienes que entregarle tu tarjeta a la guardia y el te da otra tarjeta (con una designación distinta). Esto te da permiso para entrar en la zona de seguridad. Entré alli y le entregué mi tarjeta de la zona de menor seguridad, y para que veas, ¡me dió una tarjeta con mi nombre en ella! Tuve una corazonada y funcionó.

Me dí un paseo y dejé que la intuición me indicase la dirección por donde tenía que ir. Llegué a una oficina elegante con paneles de caoba. Había un escritorio grande con una placa de identificación que ponía, "Preston B. Nichols, Director Asistante de Proyecto". Eso fue la primera prueba física tangible que tenía de que algo claramente fuera de lo comun estaba pasando. Me senté en el escritorio y revisé todos los papeles. Era imposible llevarlos conmigo ya que sabía que me iban a controlar minuciosamente al salir de esa zona de alta seguridad. Asi que memoricé todo a la mejor de mi capacidad. Tenía toda una segunda carrera allí de la que no sabía casi nada!

Ni siquiera puedo hablar sobre gran parte de ella. Es alto secreto. Estoy bajo la obligación de no hablar de ello por treinta años por un acuerdo firmado cuando me fui a trabajar por BJM. No obstante, no firmé ni un solo papel relativo a las actividades del Proyecto Montauk.

Pasé seis horas en mi oficina apenas descubierta, cerniendo el material. Despues decidí que era hora de regresar a mi trabajo normal antes de que finalizara el día. Devolví la tarjeta y abandoné la zona. Dejé pasar un par de días antes de decidir que era hora de regresar y verificar las cosas otra vez. De nuevo, le dí mi tarjeta a la guardia pero esta vez no me entregó nada de vuelta. Me dijo, "Por cierto, Sr. Roberts (nombre ficticio) quiere hablar contigo."

Un hombre, Sr. Roberts, salió de una oficina que llevaba escrito "Director de Proyecto" en la puerta. Me miró y me dijo, "¿Para que quiere Vd. entrar aquí?"

"Para ir a mi otra oficina," le contesté.

Me dijo, "Vd. no tiene otra oficina aqui."

Le enseñé la dirección hacia el lugar donde había estado mi oficina. Pero al entrar en la habitación con el Director del Proyecto descubrí que esa habia desaparecido por completo. En un par de días desde que estuve en aquel lugar habían eliminado todo rastro de mi estancia alli.

Alguien debió de darse cuenta de que había visitado mi oficina cuando no se suponíia que tenía que hacerlo. Habia entrado en un estado mental normal que no era de su agrado. Aparentemente no habían activado el programa (trasladandome a una realidad alternativa) para ese día en especial y debieron de preguntarse porque me había presentado. Probablemente concluyeron que el proceso se filtraba y que de alguna forma era capaz de recordar mi existencia alternativa. Como resultado, pararon todo. Me sacaron a un lado a través de los canales de seguridad y me dijeron que si soplaba una palabra sobre lo que creía que había visto me llevarían al carcel y tirarían las llaves.

Intenté pensar en otros incidentes extraños que habia ocurrido. Había considerado todo con un ojo sospechoso e lo habia investigado durante años. Ya estaba seguro de que había experimentado dos existencias separadas. ¿Como demonios era posible haber estado en Montauk y haber trabajado en BJM, aparentemente durante el mismo tiempo? Ya había llegado a la conclusión de que debí de haber trabajado en dos sitios simultáneamente porque hubo periodos cuando llegaba acasa y me sentía totalmente exhausta.

En ese punto, todo lo que has leido representaba un lio confuso tremendo en mi mente. Sabía que había trabajado en dos líneas de tiempo distintas, o posiblemente más. De hecho, había descubierto bastante cosas, pero eran más confusas que claras. Sin embargo, en el 1990 pude conseguir un avance importante. Habia empezado a construir una antena Delta T* sobre el techo de mi laboratorio. Un día estaba en el techo y soldaba todos los bucles en las cajas de relés (las que transmitían las señales de la antena abajo al laboratorio). Aparentemente, como estaba allí y sujetaba los cables para soldarlos, las funciones del tiempo hacían que mi mente cambiase a otra línea. Cuanto mas soldaba, mas conciente de ello me volvía. Después, un día - ¡choque! – la línea entera de la memoria estalló. Todo lo que pude entender fue que la antena Delta T almacenaba ondas de flujo de tiempo mientras la

* La antena Delta T es una construccion octahedronal de antena que puede cambiar zonas horarias. Es designada para estirar el tiempo. Delta T = Delta Time (Tiempo Delta). Delta se usa en las ciencias para enseñar los cambios y "Delta T" se referiria a un cambio en el tiempo. Más sobre la naturaleza de esta antena se abordará en el libro mas adelante.

conectaba junto. Simplemente continuó presionandome un poco la mente con respecto a la referencia de tiempo. La antena acentuaba el tiempo (estirándolo) y se estiró suficientemente para que estuviese subconcientemente en dos líneas de tiempo. Ese era mi gran progreso en cuanto a la memoria.

Sea cual sea la explicación, estaba my contento de haber recuperado gran parte de mi memoria. También pienso que mi teoria sobre la altena Delta T es corecta puesto que cuanto más tiempo pasaba trabajado en ella mas recuerdos surgían. Hasta el Julio de 1990, todos los recuerdos llave habían salido a la luz.

En julio me despidieron. Posterior a mi depido todas las conexiones cercanas tambien habían sido retiradas. Después de haber trabajado en la BJM por la mejor parte de dos decadas ya no tenía ninguna conexión o amigo en la compañía. Mis fuentes de información habian sido efectivamente cortados.

Ahora tienes una idea general sobre las circunstancias en las cuales he recuperado la memoria. La siguiente parte del libro tratará sobre la historia del Proyecto de Montauk que incluye una descripción general de la tecnologia implicada. Se basa en mis propios recuerdos y en la información que fue compartida por varios compañeros involucrados en el Proyecto de Montauk.

7

WILHELM REICH Y EL PROYECTO PHOENIX

El Gobierno de los Estados Unidos empezó un proyecto de control del tiempo a finales de los años catorce bajo el nombre cifrado de "Phoenix". La información y la tecnología para ello vinieron de Dr. Wilhelm Reich, un científico austriaco que había estudiado con Freud y Carl Jung.

Reich era una persona muy brillante pero sumamente controversial. Aunque hizo muchos experimentos y publicó muchos volumenes, poco de sus críticos echaron una mirada honesta a su investigación porque mucho de ella no era diponible. Parte de ello se debe a la Agencia de Alimentos y Medicamentos que supervisó una quema masiva de libros de todos sus materiales disponibles, y también destruyó gran parte de su equipo de laboratorio.

Reich fue conocido en parte por su descubrimiento de la energía orgónica, que es la energía orgásmica o la energía de la vida. Sus experimentos revelaron que la energía orgónica era distinta a la energía común electromagnética. Pudo comprobar la existencia de esa energía en el laboratorio. Sus descubrimientos fueron redactados en varios periódicos médicos y psiquiátricos del periodo. El descubrimiento de un tipo de energía llamada "orgón" no era tan controvertida. Empezó a generar mucha polémica con los poderes de ese dominio particular cuando él sustuvo poder curar el cáncer con sus teorías. También asociaba la energéa orgónica connewtoniano del "éter".

Ninguna de esas visiones le ganó el apoyo de los cintíficos convencionales del 1940.

En el giro del siglo, los científicos habían abrazado el "éter" newtoniano. Esto se refería a una hipotética sustancia invisible que se suponía que impregnaba todo espacio y servía como medio para la energía luminosa radiante. Einstein, quien abrazó la teoria en su mas temprana juventud, al final concluyó que no podía haber un océano de éter en calma por el cual se movía la matería. No todos los físicos estuvieron de acuerdo con el argumento de Einstein, pero Reich no lo contradijo. El señaló que Einstein desmentió el concepto de un éter estático. Reich consideró que la naturaleza del éter era tipo ola y no estática en absoluto.

Desde entonces los científicos conventionales han reconocido la existencia de fenómenos que son una mezcla entre partículos y olas. Estas son referidas algunas veces como "wavicles" (particolas). La investigación común tambien ha comprobado que el espacio vacío contiene propiedades complejas que son dinámicas de naturaleza.

Si bien no es mi objetivo ocuparme del caso de Reich, su concepto del éter resultó ser funcional en mi investigación. No importa si nos referimos realmente a "particolas" o incluso a fenómenos más esotéricos cuando hablamos de éter. Es la palabra que utilizó Reich, y es más fácil para mí utilizarlo al describir esto para el público general. El lector está invitado a leer los escritos de Reich puesto que su trabajo es amplio y recoge mucho más de lo que puede ser cubierto en el objeto de este libro.

Por ejemplo, encontró usos prácticos para sus teorias, como modificar el tiempo. Descubrió que las tormentas violentas acumulan "orgón descargado" al que denominó "DOR". El orgon decargado se refiere a la acumulación de "energia descargada" o energía que está en espiral descendiente. Se descubrió que el orgón y el DOR estaban presentes no solamente en organismos biológicos sino también en zonas vacias del ambiente. Se consideraría que un emprendedor activo y entusiasta tendria una gran cantidad de energía orgónica, mientras que un hipocondríaco quejoso que desease morir tendria energia DOR.

Por ejemplo, descubrió que cuanto más DOR había en el sistema de tormenta, más violente resultaba la tormenta. Experimentó con muchas formas de control de DOR, e inventó un metodo electromagnético simple para reducir la violencia de las tormentas. A finales de los años cuarenta, Reich contactó con el gobierno y les dijo que habia desarrollado una tecnología que podría sacar la violencia de la tormenta. A pesar de la desinformación que pudieras oír, el gobierno ya sabía lo que Reich podía hacer y lo consederaba un hombre brillante. Ellos le pidieron sus prototipos y él estuvo feliz de complacerlos ya que no le interesaba el desarrollo mecánico, si no solo la investigación.

En este punto, el equipo técnico del gobierno fundió los descubrimientos de Reich con sus propios monitores de tiempo y produjeron lo que hoy en día llaman "radiosonda".

La contribución del gobierno a la radiosonda se remonta al "metrógrafo aéreo"* del 1920. Este era un dispositivo mecánico que registraba la temperatura, la humedad y la presión. Se enviaba en un globo paracaídas y grabada información en una cinta de papel. El globo era diseñado para estallar de modo que las paracaídas trajera el metrógrafo en la tierra. Estimularon a la población para recuperarlos por una recompensa de 5 dólares, que tenían un valor mayor en esos días. Es asíi como el gobierno obtuvo datos sobre el tiempo.

* La palabra "metrografo" se define más claramente si se entiende que "metro" significa que era un dispositivo meteorológico y "grafo" significa escribir.

Como esos dispositivos se enviaban por correo postal, el tiempo que pasaba hasta que la información grabada se leyera era demasiado largo.

A finales de los 1930, se diseñó un nuevo dispositivo al que llamaron "radio metrógrafo". Este era parecido al metrógrafo aéreo salvo que contenía sensores eléctricos. Esos sensores estaban conectados a un transmisor que debía transmitir hacia un receptor en la tierra.

El radio metrógrafo era el dispositivo de ultima generación cuando Wilhelm Reich contactó con el gobierno a finales de 1940. El les dió un paquete pequeño de madera de balsa que se podia enviar en un globo. De acuerdo a los testigos, las tempestades que se acercaban realmente se dividian y rodeaban el campo de ensayos de Long Island.

El gobierno combinó la tecnología del radio metrógrafo con el dispositivo DOR de Reich y lo llamó "radiosonda". Fue desarrollado hasta que pudieron reproducir efectos consistentes sobre el tiempo.

Hasta 1950, enviaban radiosondas al aire en masse al ritmo de aprox. 200 al día. Considerando que esas radiosondas se enviaban al aire en globos, no regresaban a la tierra con suficiente fuerza para destrozarse en el impacto. La población las encontraba y hubiera sido imposible mantener en secreto las unidades fisicas sin levantar sospechas. Hicieron público el objetivo aparente de registrar datos sobre el tiempo, objetivo que una examinacion desinformada respaldaría. Si alguien se sintonizara con uno de esos paquetes, la señal no se parecería fuera de lo ordinario cuando se utilizase equipo de radio normal. Hasta aquí todo bien!

Enseñaron a la población una estación para recepción de datos; establecida para recibir los datos inexactos y inutilizable. Produjeron una cantidad pequeña de esos equipos de recepción.

Habían literalmente cientos de radiosondas de ese tipo en el aire cada día. Con el límite de radio de recepción de 45 hasta 100 millas, habría tenido que haber un montón de receptores conocidos como radiosondas, y habrían tenido que ser muy comunes. Como soy un radioaficionado "loco", es bastante raro que nunca haya visto un receptor radiosonda, o el equipo que debería acompañarlo. Es muy inusual tener un transmisor de datos (en este caso, la radiosonda sin un receptor que lo capte. Esto indica que el Gobierno no utilizó los receptores!

Mi siguiente pista fue mirar las hojas de datos de producto para el tubo de radiosonda que señala enfáticamente que la vida útil es de solo unas horas (véase la página 48). A pesar de esto, he tenido un tubo al aire por mas de 2,000 horas, y he construido hasta la fecha mas de veinte unidades de esas con solo un fallo. Esta es una tasa de fallo industrial buena pero es una señal de alerta importante. Mi única explicación es que si un operador radioaficionado local encontrase o comprase una radiosonda en el mercado excedentario, leería los datos, estaría confundido y no se molestaría en construir un circuito que sería funcional por "solo unas horas". Utilizaría otro tubo.

Parece ser que el Gobierno no quiere que la población utilice esos tubos y descubra algo raro y de esta forma revele su secreto. Por ello, la desinformación de la hoja de datos de producto protege el secreto. De hecho, no estaban mintiendo porque la batería fue diseñada de modo que el tubo se quemara despus de unas tres horas. Esto se debe al bombardeo trasero del cátodo que se enfriaría lentamente y despues se destruiría.

Esas radiosondas se quedarían inoperativas antes del impacto con la tierra. De esta manera, la población, que fue estimulada para devolverlas, no podría recoger unidades funcionales. ¿Si no hubiera secreto en todo esto, porque diseñaría el gobierno una bateria para quemar un tubo costoso que habría que reemplazar después de un muy breve uso? Se consiguió incluso difundir mas información errónea mediante el envasado de los sensores en frascos cerrados, lo cual implicaba que al contacto con el aire los sensores tendrían una corta vida. Debido a esas precauciones, el secreto se mantuvo por mas de cuarenta años, lo cual significa una seguridad excelente.

Tras analizar más a fondo la radiosonda y sus circuitos, descubrí que los registradores de temperatura y humedad de la radiosonda no funcionaban. Ninguno de ellos!

El sensor de temperatura era inútil para registrar la temperatura, pero sí tenía una funcion.* Actuaba como una antena DOR mientras el sensor de humedad actuaba como una antena de orgón.

Si el DOR fuese detectado por la antena, el transmisor transmitiría a destiempo y rompería el DOR y extraería la violencia de la tormenta. En cambio, el transmitir a tiempo aumentaría el DOR.

El sensor de humedad tenía el mismo efecto con la energía orgónica. El transmitir a tiempo reforzaría la energía orgónica y el transmitir a destiempo la reduciría.

La radiosonda también contenía un elemento de presión que actuaba como una señal de interruptor y mantenía sea el DOR o el orgón. Eso fue como reforzaron la energía orgónica.

El transmisor estaba constituido por dos osciladores. Uno era un oscilador cargador, que operaba a 403 MHz. Y el otro operaba a 7 MHz, y era un oscilador de relajación. Ese pulsaba en modo "apagado" y "encendido", en funcion

* Para los de orientación técnica, el sensor de temperatura es básicamente un termistor; pero en vez de ser basado en carbono, contiene metales nobles y elementos exóticos. Es un sensor de temperatura ineficaz porque mientras la temperatura lo circula arriba y abajo, la curva de resistencia cambia y no sostiene su calibración. El sensor de humedad tiene el mismo inconveniente.

de lo que encontraba. De alguna forma, eso monitorizaba la función etérica de la radiosonda. No he descubierto todo lo que se puede saber sobre la radiosonda, pero sí le he hecho el análisis científico que he incluido en el apéndice (véase el Apendice A, para quien esté interesado).

Lo que te he contado sobre la radiosonda constituye una prueba contundente que puede resistir ante la critica. Dicha prueba establece la credibilidad de mi historia de que en verdad ha existido un proyecto secreto que ha tenido que ver con el control del tiempo. No podemos decir con exactitud si las radiosondas han sido utilizadas unicamente para reducir la violencia de las tormentas, pero también ha existido la posibilidad de acelerarlas. Finalmente, el Gobierno abandonó el tema del control del tiempo. Producir cambio en el tiempo, si se llegaba a demonstrar ante el tribunal, llevaría a muchos procesos.

Incluso más interesante que el aspecto del tiempo es la perspectiva entera de la energía DOR y la orgónica, y lo que se podría hacer con ella. En teoría, esto significa que el Gobierno hubiera podido utilizar comunidades, edificios o una población entera como blanco, y hubiera podido transmitirles energía DOR y orgónica. Se han hecho reportajes en Rusia sobre este tipo de actividades durante muchos años. Nu hubo mucha cubertura en la prensa sobre los esfuerzos de los Estados Unidos en este respecto, pero alguna actividad sí ha habido. Si se ha utilizado de manera dañina o en la guerra, no puedo decir, pero el potencial existía. Unos cuarenta años de desarrollo también hubiera podido convertir esto en un sistema muy avanzado de punto de visto tecnológico.

Por favor, consulte el Apéndice B para obtener información adicional sobre Wilhelm Reich.

FIXED-TUNED OSCILLATOR TRIODE

6562
6562/
5794A

UHF pencil-type tubes having integral resonators; used in radiosonde service at a frequency of 1680 Mc. May be used at ambient temperatures ranging from -55°C to +75. Fixed-Tuned Oscillator maximum plate dissipation, 3.6 watts. The

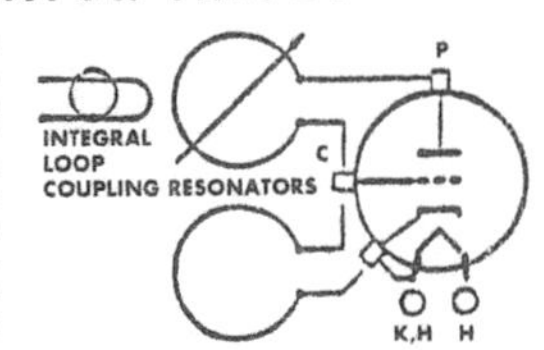

Technical Data

6562 is a DISCONTINUED type listed for reference only. As a replacement, the 6562/5797A is directly interchangeable.

HEATER VOLTAGE RANGE°(AC?DC)	5.2 TO 6.6	VOLTS
HEATER CURRENT (AT 6.0 volts)	0.160	ampere
FREQUENCY (Approx.)	1680	Mc
FREQUENCY-ADJUSTMENT RANGE□	±12	Mc

This range of heater voltage is for radiosonde applications in which the ater is supplied from batteries and in which the equipment design requirements of minimum size, light weight, and high efficiency are the primary considerations even though the average life expectancy of the 6362/5794A in such service is only a few hours.
□As supplied, tubes are adjusted to 1680 ± 4 megacycles.

FIXED-TUNED OSCILLATOR

Maximum ratings:

DC PLATE VOLTAGE	120 *max*	volts
DC PLATE CURRENT	32 *max*	mu
DC GRID CURRENT	8 *max*	ma
PLATE INPUT	4 *max*	watts
PLATE DISSIPATION	3.6 *max*	watts
PEAK HEATER-CATHODE VOLTAGE	0 *max*	volts
AMBIENT-TEMPERATURE RANGE	-55 to +75	°C

Operating Frequency Drift:
Maximum Frequency Drift:

For heater-voltage range of 5.2 to 6.6 volts, plate-voltage range of 95 to 117 volts, and ambient-temperature range of +22° to -40°C	+4 to -1	Mc

OPERATING CONSIDERATIONS

TYPE 6562/5794A may be operated in any position. OUTLINE 74, *Outlines* Section.

The flexible hater leads of the 6562/5794A are usually soldered to the circuit elements. Soldering of these connections should not be made closer than 3/4" from the end of the tube (excluding cathode tab). If this precaution is not followed, the heat of the soldering operation may crack the glass seals of the leads and damage the tube. Under no circumstances should any of the electrodes be soldered to the circuit elements. Connections to the electrodes should be made by spring contact only.

The 6562/5794A should be supported by a suitable clamp around the metal shell either above or below the frequency-adjustment screw. It is essential, however, that the pressure exerted on the shell by the clamp be held to a minimum because excessive pressure can distort the resonators and result in a change of frequency.

The plate connection should have a flexible lead which will accommodate variations in the relative position of the plate terminal in individual tubes.

The 6562/5794A may be mechanically tuned by adjustment of the frequency-adjustment screw located on the metal shell of the tube. A clockwise rotation of the frequency-adjustment screw will decrease the frequency, while a counterclockwise rotation will increase the frequency. The range of adjustment provided by the screw is ± 12 megacycles.

8

EL PROYECTO "PHOENIX" ASIMILA EL PROYECTO "ARCO ÍRIS"*

Mientras el Proyecto Phoenix investigaba el tiempo y el uso de las radiosondas, el Proyecto Arcoíris reapareció a finales del 1940. El Proyecto Arco Íris (que era el nombre en clave para la operación que dio lugar al Experimento de Philadelphia) tenía que continuar la investigación del fenómeno encontrado en *USS Eldridge*. Este proyecto de ocupaba de la tecnología de la "botella electromagnética", de la cual al final ha resultado la nave furtiva de combate de hoy en día.

Más o menos al mismo tiempo, Dr. John von Neumann y su equipo de investigación fueron convocados de nuevo para hacerse cargo del proyecto. Ellos habían trabajado en el Proyecto Arco Íris original y luego se fueron a trabajar en un nuevo reto. Esto era parecido al Proyecto Arco Íris pero tenía un objetivo distinto. Tenían que descubrir los fallos relativos al "factor humano" del experimento y la razón por la cual ese fracasó rotundamente.

A principios de los cincuenta se decidió que los restos del Proyecto Arco Íris y el proyecto de la radiosonda deberían ser incluidos bajo el mismo paracaídas con respecto al estudio del factor humano. Después de ese momento se utilizó el término de "Proyecto Phoenix" para referirse a todas esas actividades.

Las oficinas del proyecto estaban localizadas en los laboratorios Brookhaven de Long Island y el primer asunto de la lista de negocios fue poner al Dr. von Neumann al frente de todo el proyecto.

* Arco Íris = Rainbow en Ingles

Dr. von Neumann era un matemático que vino de Alemania a los Estados Unidos. También se convirtió en físico teórico y se distinguió por sus conceptos muy avanzados del tiempo y del espacio. Concibió la computadora y desarrolló la primera computadora tubo vacío en la Universidad de Princeton, en la que trabajaba también como Director del Instituto para Estudios Avanzados.

Dr. von Neumann tenía lo que podría llamarse una "intuición técnica buena". Tenía la habilidad de aplicar teorías avanzadas a tecnología. Sus estudios en la matemática le dieron suficiente teoría para comunicar con Einstein, y a cambio él podía pasarlo a los ingenieros y servir como puente entre los dos.

Tan pronto como empezó a trabajar en el Proyecto Phoenix, von Neumann se dio cuenta de que tenía que estudiar la metafísica. Tenía que entender la parte metafísica del ser humano. La tecnología Arcoíris había disuelto la estructura física y biológica del ser humano. La gente se quedó empotrada en mamparos y en algunos casos cambió de manera irreconocible. Pero en cado caso, fueron los mecanismos esotéricos de la mente que habían sido afectados primeros.

Von Neumann y su equipo pasaron alrededor de diez años intentando resolver porque los seres humanos tenían dificultades con los campos electromagnéticos que los desplazaban por diferentes tiempos y espacios. De hecho, descubrieron que los seres humanos nacen con algo que se llama punto de "referencia de tiempo". En el momento de la concepción un ser energético queda conectado a una línea de tiempo y todos empezamos desde ese punto. Para entenderlo, es necesario ver al "ser energético", o alma, como distinto del cuerpo físico del ser en cuestión.

Toda nuestra referencia como seres físicos y metafísicos resulta de esa referencia de tiempo que en realidad reside en el trasfondo electromagnético de nuestro planeta. Esta referencia de tiempo es el punto fundamental de orientación que tienes hacia el universo y su modo de operación. Puedes imaginarte como te sentirías si el reloj de repente empezara a moverse al revés, igual que el tiempo. Es el punto de referencia de tiempo que fue desbaratado por completo en caso de todos los miembros de la tripulación de *USS Eldridge*, y el que le causó traumas inconmensurables.

La tecnología utilizada en el proyecto Arco Íris se pone en funcionamiento y crea lo que se podría llamar una realidad alternativa o artificial. Genera un efecto escondido no solo a través del aislamiento de la nave, sino también de los seres humanos, en el marco del "efecto de la botella". Esas personas fueron literalmente sacadas del espacio y de nuestro universo como lo conocemos. Esto explicaría la invisibilidad de la nave y de las personas a bordo. La realidad alternativa creada de esta forma no tiene ninguna referencia de tiempo en absoluto, porque no es parte del flujo normal de tiempo. Está completamente fuera del tiempo. Estar en una realidad artificial sería como despertar y no tener la menor idea de donde estas. Todo esto sería muy confuso.

El Proyecto Phoenix se vio confrontado al resolver el problema de traer a los seres humanos en la "botella" (y finalmente traerlos de regreso) mientras al mismo tiempo conectarlos a sus referencias reales del tiempo (que ellos conocerían como el planeta Tierra, etc.). Esto significaba que, mientras se encontraban en la realidad alternativa o en la "botella", se les tenía que proporcionar algo que les confiriesen una referencia de tiempo. Resolvieron esto a través de la alimentación de todos los trasfondos naturales de la Tierra en la "botella"– por lo menos suficientes para convencerles de un flujo continuo de referencia de tiempo. Actuar de otro modo probablemente hubiera causado que las personas de la "botella" experimentaran desordenes trasdimensionales y problemas de este tipo. Por ello fue necesario establecer un escenario falso. De esta forma, hubieran podido sentir cierto grado de normalidad.

El Dr. von Neumann era el candidato ideal para el trabajo puesto que estaba en las computadoras. Se tenía que utilizar una computadora si tenían la intención de calcular las referencias de tiempo de ciertas personas y reproducir esas referencias mientras estas pasaban por una "botella electromagnética" o realidad alternativa. Las personas que se encontrarían dentro de la "botella" pasarían por el tiempo cero y esencialmente por una "no realidad", o como mucho, una realidad desorientada. La computadora tenía que generar un trasfondo electromagnético (o escenario falso) al cual el ser humano también tenía que sincronizarse. Si no se consiguiera esto, el espíritu y el cuerpo físico no se sintonizarían, lo cual resultaría en perder la razón.

Hay dos puntos que se deberían poner de relieve aquí: el ser físico y el ser espiritual. Esta es la razón por la cual la referencia de tiempo encerraría el espíritu y el trasfondo electromagnético encerraría el cuerpo. Todo este proyecto empezó en 1948 y finalmente fue desarrollado en 1967.

Cuando fue finalizado se elaboró un informe final que fue presentado ante el Congreso. El Congreso había invertido en particular en este proyecto hasta esa fecha y habían estado al corriente de los resultados. Se le informó que la conciencia humana decididamente podría ser afectada por la electromagnética; adicionalmente, que sería posible desarrollar mecanismos que literalmente podrían cambiar la manera de pensar de una persona.

De modo nada sorprendente, la respuesta del Congreso fue negativa. Estaban preocupados de que si esa tecnología llagase a manos de personas equivocadas, ellos mismos podrían perder sus mentes y caer bajo su control. Era una preocupación válida y se dieron órdenes para disolver el proyecto entero hasta el 1969.

9
INICIO DEL PROYECTO MONTAUK

No es ningún secreto que el Gobierno había intentado intimidar a la CIA para que descubriese todo lo que estaba ocurriendo en la comunidad de inteligencia. Le había cortado la financiación, le había limitado sus poderes legales, y probablemente incluso la persona más ingenua reconocería un cierto grado de desfase de credibilidad. Sin embargo, aquí no se trata de la propia CIA. De hecho, si la CIA estuviese implicada, se trataría de una sección o secciones escindidas utilizadas por una fuente distinta del Director de la CIA.

Cuando el Congreso disolvió el Proyecto Phoenix, el grupo de Brookhaven ya había construido un reino entero alrededor de ese proyecto. Tenían a Reichian y la tecnología de ocultación que podrían decididamente afectar la mente humana.

El grupo Brookhaven fueron a las fuerzas militares y les informó sobre la nueva fantástica pieza de tecnología en la que estaban trabajando. Les contó sobre el sistema que podía hacer rendir al enemigo sin una sola batalla, simplemente pulsando el botón de prendido. Por supuesto, las fuerzas militares estuvieron interesadas. Este era el sueño de cada experto en asuntos bélicos. ¡Imagínate, un sistema que hace que el enemigo se dé por vencido antes de que empiece la batalla!*

Las fuerzas militares se mostraron muy interesadas y estaban dispuestas a cooperar. Fueron informadas de que no

* He incluido en el Apéndice C algunas pruebas que indican que se utilizaron dispositivos de control mental en contra de los iraquíes durante la Guerra del Golfo Pérsico.

tenían que implicarse en la financiación porque esta estaba cubierta por el grupo de los Laboratorios Nacionales de Brookhaven. Pero la gente de Brookhaven necesitaba un sitio en el que se pudiese efectuar la experimentación adecuada, en reclusión. Necesitaba cierto equipo y personal de las fuerzas militares. Entregaron a los militares un listado con toda la tecnología requerida.

Una importancia particular del listado que incluía la tecnología la tenía el antiguo Radar SAGE. Para ello, necesitaban una radiosonda enorme que operase alrededor de 425 hasta 450 MegaHertz. De las investigaciones anteriores se conocía que esta era una de las "frecuencias tipo ventana" para acceder a la consciencia humana. Esto requería un dispositivo radar muy potente que corriese a 425 hasta 450 MHz.

Los militares tenían justo lo que estaban buscando: una base suspendida de las Fuerzas Aéreas en el Centro Montauk que almacenaba un sistema de Radar SAGE obsoleto que se ajustaba a su cuenta. Este sistema ya tenía las secciones RF y el modulador requeridos para construir una radiosonda enorme.

El Radar SAGE de Montauk formó parte inicialmente de un sistema antiguo de defensa y prevención utilizado durante los cincuenta y los sesenta. Hoy en día los satélites y el radar relocalizable sobre el horizonte convierte en obsoleto esta tecnología para propósitos de defesa. Ello levanta definitivamente una cuestión importante, aunque nadie crea esta historia. El por qué se puso en funcionamiento un sistema anticuado de defensa y se utilizó por un periodo de más de diez años.

El nombre de este proyecto fue conocido por los funcionarios implicados como "Phoenix II". Desde entonces ha sido llamado coloquialmente, por mí y otros implicados, el Proyecto Montauk.

Hasta ese punto el Congreso había sido informado sobre lo que había ocurrido. Pero en ese momento unas personas independientes siguieron adelante con un proyecto denegado por el Congreso, y operaron fuera de cualquier control. Incluso utilizaron a los militares de los Estados Unidos en el proceso. Por supuesto, de pronto la pregunta es, "¿Quién está utilizando a quién?"

Sin embargo, el punto que conviene subrayar aquí es que todo eso se estaba haciendo sin la supervisión de los funcionarios elegidos y a pesar de sus objeciones.

La Base de Montauk se volvió a abrir. El Radar SAGE había sido cerrado desde 1969/1970 cuando la base fue entregada a la Administración General de Servicios. Era una base gubernamental superávit que no tenía nada, y la financiación para ella de parte del gobierno había sido parada.

Es evidente que un tal esfuerzo requiera una financiación significante. La financiación estaba rodeada de misterio, pero parecía que era completamente privada. Yo personalmente no tengo pruebas documentadas de la financiación, pero mis conocidos del proyecto Montauk me dijeron que el dinero inicial vino por cortesía de los nazis.

En 1944, un tren de tropa americana recorrió un túnel francés cargando oro nazista estimado a 10 mil millones de dólares. Ese tren fue dinamitado en el túnel mientras transportaba 51 Generales. El General George Patton estaba en Europa en ese momento y lo estuvo investigando, pero no consiguió entender como pudo ser dinamitado un tren de tropa americana en el territorio de los aliados occidentales. Como general y ser humano, le importaban los generales. Los 10 mil millones de dólares también fueron un misterio, pero los esfuerzos de Patton fueron bloqueados.

Me han dicho que ese oro apareció finalmente en Montauk, y era oro de 10 mil millones de dólares, una onza alcanzando en aquella época unos $20. Esto es el equivalente de casi 200 mil millones de dólares en la moneda actual. Fue utilizado para financiar el proyecto al principio y en los años venideros. Después de gastarlo todo, el proyecto fue financiado supuestamente por los infames Krupp,* quien controlaba la corporación de ITT.

A los finales de 1970 y de 1971, La Base de las Fuerzas Aéreas de Montauk, el Batallón Radas 0773rd, se volvió a activar. Tuvieron que establecer el personal, poner en funcionamiento el equipo y montar toda la instalación de investigación. Esto duró como un año, y hasta los finales de 1971, el Proyecto Montauk estaba en marcha.

Se tomaron las más estrictas medidas de seguridad, parte de las cuales eran totalmente válidas. Aunque fue implicada la tecnología confidencial de ocultación, no es ningún secreto que la nave de sigilo fue diseñada con un revestimiento de absorción resistente a radar y una sección transversal reducida de superficie. Lo que siguen siendo un secreto son ciertos aspectos de la tecnología de la "botella electromagnética" y como se propagaba. No vamos a hablar sobre esto ni mucho menos describirlo, puesto que es un secreto militar debidamente autorizado, que concierne la defensa de los Estados Unidos. Este libro trata de divulgar un proyecto que desde luego nunca hubiera tenido que ser activado. Sin un objetivo militar o de defensa para empezar, fue proyectado únicamente para controlar la mente de la población, y esto a pesar de la prohibición de este proyecto por el Congreso.

El personal era una mezcla de empleados militares, empleados del Gobierno y trabajadores facilitados por varias corporaciones. Yo era uno de la última categoría y empece a trabajar en el proyecto en 1973.

Hubo una serie de técnicos de las Fuerzas Aéreas que habían trabajado en el Radar SAGE en los sesenta. Las

* Los Krupp eran los titulares de las fábricas alemanas de municiones para la Primera y la Segunda Guerra Mundial. Después de haber sido declarado culpable de crímenes de guerra y complicidad con Hitler en los Procesos de Núremberg, el jefe de la familia de Krupp fue puesto en libertad bajo palabra, y se le permitió seguir con su conocido tráfico ilícito de armas.

Fuerzas Aéreas los habían asignado al proyecto Montauk a pesar de que la base aparecía en los registros como fuera de servicio, abandonada. Los técnicos le dijeron al grupo Phoenix que podrían cambiar el estado de ánimo general de la base cambiando la frecuencia y la duración de pulso del radar. Lo habían notado como una curiosidad profesional después de haber trabajo años con el radar.

Esa fue una sorpresa para las personas de Phoenix, y la encontraron muy interesante. Cambiando la frecuencia y anchura del pulso, ellos podrían cambiar la manera general de pensar de la gente. Eso era lo que buscaban.

Esta nueva información dio lugar a lo que me refiero ahora como los experimentos "Microondas". Cogieron el reflector (que se parece a una gigante cascara de plátano y que se puede distinguir a la distancia cuando estas en el Punto), lo rotaron aproximadamente hacia el oeste y lo bajaron en ángulo de modo que estuviese centrado en uno de los edificios, en el que pensaron que era un lugar seguro.

En el interior de ese edificio tenían una silla en una habitación blindada. Primero, ponían a alguien en la silla – de hecho este solía ser Duncan Cameron. Después, abrían y cerraban la puerta para establecer cuanto UHF/energía microondas entraba en la habitación. Todo eso se hacía mientras giraban la antena y la centraban en un punto enfrente del edificio. Al mismo tiempo, el transmisor emitía gigawatts de energía.

Experimentaron mediante la puesta en funcionamiento del transmisor a distintas anchuras de pulso, distintas velocidades de pulso, y distintas frecuencias. Probaron todo lo que pudieran pensar, simple experimentación empírica. Únicamente querían ver que le podría pasar a la persona de la silla si esa fuese bombardeada por "x" frecuencias, pulsos, etc. Observaron que ciertos cambios hacían a la persona dormir, llorar, reír, estar inquieta etc. Había rumores de que siempre que el Radar SAGE era activado, el estado de ánimo de la base entera era alterado. Eso era muy interesante para los supervisores del proyecto ya que estaban interesados principalmente en el análisis de los factores humanos.

Querían ver cómo podrían entrenar y cambiar las ondas del cerebro. Eso se hacía mediante el cambio de las frecuencias de repetición del pulso y de la amplitud en relación a distintas funciones biológicas. De este modo, los pensamientos de una persona podrían ser controlados. Con 425-450MHz de energía de frecuencia radio, realmente tenían una ventana hacia la mente humana. El próximo paso fue descubrir que había dentro.

Aunque la puerta que daba a la habitación blindada estaba cerrada la mayoría del tiempo, no funcionaba adecuadamente. Los sujetos eran expuestos a un campo de energía suficientemente fuerte para influir las ondas cerebrales no para producir daños. No obstante, si uno fuese expuesto a ese campo por varios días seguidos podría resultar bastante dañino.

Duncan sufrió daños cerebrales y tisulares serios como resultado de la exposición continua a 100 kilovatios de potencia RF a una distancia de alrededor de 100 yardas. Las ondas de radio le asaron el cerebro y el torso. En todas las áreas de su cuerpo en las que había un cambio de densidad, se crearon zonas de energía y calor por la concentración de los rayos de microondas.

Después de una visita médica en 1988, el medico de Duncan hizo unos comentarios sobre el tejido cicatrizante poco común de sus pulmones. Era algo que no había visto nunca en su profesión. Otro médico que le consultó le dijo que se había encontrado con esa condición solo en su servicio médico cuando una persona se ponía delante de un rayo de radar de alta potencia.

De hecho, una investigación anterior hecha alrededor de 1986 indicó que Duncan era muerto de punto de vista cerebral. Inicialmente, les había pedido a varios psíquicos que hiciesen unas lecturas sobre Duncan. Su respuesta fue positiva, Duncan sí era muerto de punto de vista cerebral. También sabía que era posible inyectar un tinte específico en el cerebro, y los rayos X o escáner TAC (tomografía computada) podrían revelar que parte del cerebro utilizaba oxígeno. Los individuos que sufren muertes cerebrales padecen de una falta de oxígeno al cerebro. Si las lecturas psíquicas fuesen precisas, su cerebro no estaría utilizando mucho oxígeno.

Pregunté a un neurólogo con el que había hecho amistad y me dijo que sí, era posible que una persona estuviese muerta de punto de vista cerebral y aun así andiese por allí. Citó unas necropsias realizadas sobre unas personas de Inglaterra y de los Estados Unidos cuyos cerebros tenían revestimientos extraños dentro del cráneo. Los revestimientos no median más de un milímetro de grosor.

Aún más interesante era el caso que había descubierto diez años antes. Sacó un conjunto de radiografías de un ser humano normal de 59 años y me enseño las áreas rojas. También señaló las áreas azules diciéndome que eran las áreas que no requerían mucho oxígeno. Después, colgó otra radiografía en la que el cerebro entero se veía azul. Esto significaba que la persona estaba viva y andaba como cualquier ser humano normal, salvo que tenía problemas de pérdida de memoria. En esencia sufria de muerte cerebral pero el cerebro utilizaba suficiente oxígeno para impedirlo deteriorar. Noté el rincón de la radiografía y me sorprendió encontrar allí el nombre de Duncan. De acuerdo a esa información, Duncan sufre efectivamente de muerte cerebral.

Le pedí al médico una explicación pero no estaba seguro. Únicamente pudo ofrecer una conclusión teórica basada en los poderes psíquicos. Dijo que su profesión reconocía la existencia del fenómeno psíquico pero no lo entendía.

En ese punto descubrimos que la única razón por la cual Duncan todavía seguía con vida hoy se debía a sus capacidades psíquicas. La parte psíquica de su mente se apodera de la parte física y dirige el cuerpo. Su tronco cerebral está vivo; su medula espinal está viva; su cuerpo está vivo, pero su cerebro superior realmente está muerto. Su energía psíquica maneja el cuerpo a través del tronco cerebral.

Duncan no fue la única persona que se vio afectada. No se sabe con exactitud cuántas personas estuvieron involucradas, pero el número de bajas fue probablemente elevado.

No fue más temprano de 1972 o 1973 cuando finalmente se dieron cuenta de que la tecnología de ocultación trataba sobre la radiación no ardiente. Una de las teorías era que la radiación real no ardiente, la cual es la orden superior de componentes (a diferencia de la radiación ardiente), de hecho pasaba por el reflector y estaría opuesta al punto de referencia de la antena.

Lo intentaron y giraron la antena a 180 grados. Dirigieron los rayos ardientes hacia el cielo y golpearon a la persona con rayos no ardientes. Posteriormente descubrieron que obtenían las mismas capacidades de modificar el estado de ánimo, sino incluso más que antes, pero sin hacer daño a la gente. ¡Pero a costa de cuantas personas con las que antes habían experimentado!

En ese punto del proyecto estaban interesados en monitorizar la gente y cambiar sus pensamientos y estados de ánimo, etc. No era necesariamente como cambiaban sino el que cambiaban bajo ciertas circunstancias. Unidades militares distintas fueron invitadas a la base y tener allí un R&R.* De punto de vista de los soldados, era un R&R gratis en una hermosa ubicación.

La base externa tenía un gimnasio bonito y una bolera con comida y alojamientos excelentes. Sin que lo supiesen,

* R&R (Rest & Relaxation = Descanso y relajación)

los militares se convirtieron en conejillos de india para los experimentos de control de los estados de ánimo. Sin embargo, ellos no eran los únicos cobayas. Se hicieron experimentos también sobre los habitantes de las ciudades de Long Island, New Jersey, zona de norte de New York y los civiles de Connecticut, solo para comprobar los limites. No obstante, la mayoría de los experimentos fueron realizados sobre los soldados que venían de vacaciones.

Se dedicó mucho tiempo a la monitorización de varios tipos de pulsos, probando esto y aquello. Tomaban notas y clasificaban los distintos efectos. Todo fue una pura experimentación empírica y recabaron una base de datos inmensa. Una vez que hayan obtenido suficientes datos, empezaron a darle un sentido al papel que tenía cada una de las funciones. Durante ese periodo también experimentaron con el salto de frecuencia. El salto de frecuencia consiste en un transmisor que se mueve instantánea y aleatoriamente hacia cualquiera de las cinco frecuencias distintas (que estaban siendo alimentadas al transmisor). Ese punto llegó a ser muy importante más tarde puesto que era una llave para estirar el tiempo.

Descubrieron que los saltos de frecuencia muy rápidos hacían las modulaciones más activas de punto de vista psíquico. Entonces desarrollaron una base de datos en la que se registraban los tiempos de los saltos de frecuencia (tiempos de desplazamiento de una frecuencia a otra), como se ajustaba el pulso, la velocidad de ajuste del pulso, la anchura del pulso, y la potencia de salida a la que este vibraba. Eso fue sumado a los efectos correspondientes resultados. La base de datos era muy extensa y cubría una gama muy amplia de causas y efectos.

Después de una extensa experimentación, crearon un panel de control con el que pudieron establecer modulaciones de pulso y tiempos distintos. Sabían que esos pulsos y funciones distintos representaban ciertos patrones de pensamiento del individuo. Podían ajustar los moduladores y los tiempos de modo que se generase una transmisión que inocularía patrones de pensamiento en un individuo. Eso significaba que podían literalmente ajustar el pulso para todo lo que querían, y esperar que se produjese el efecto deseado.

Todo ello llevó alrededor de tres o cuatro años de investigación. El transmisor era ahora completamente operacional y conectado. Se podrían escribir programas para meter al transmisor por sus fases. Se obtuvieron programas que podrían cambiar el estado de animo de la gente, incrementar el índice de criminalidad, o provocar un comportamiento agitado en la gente. Incluso los animales de las cercanías del área fueron programados para hacer cosas extrañas.

Los investigadores pudieron generar programas mediante los cuales podrían centrarse en un coche y hacer que todas sus funciones eléctricas se parasen. No sé qué eran esos moduladores pero entiendo que lo descubrieron solo por casualidad.

Un día un par de vehículos militares daban vueltas por la base. De repente dejaron de funcionar sin ningún mando. Eso abrió una investigación para averiguar que estaba pasando con el transmisor en ese momento, y así desarrollaron un programa. Al principio, el programa solo podía hacer que las luces del coche atenuasen. Con el tiempo se ha ido perfeccionando hasta que el programa hacia parar todas las funciones eléctricas de un vehículo.

Varios años de investigación y la información recabada finalmente rindieron un dispositivo de control mental. El siguiente objetivo era crear una tecnología de precisión con el material. Para conseguirlo, acudieron al apoyo de unas fuentes muy raras.

AMPLITRON

Esencialmente un amplificador UHF de gran potencia, el amplitron sirvió como amplificador final del transmisor antes de que la antena emitiese alguna función. Un tubo grueso, pesaba 300 libras y media 35 pulgadas en su dimensión mayor.

THYRATRON

Uno de los cuatro thyratrons de pulso que fueron utilizados. Esos conducían el tubo de salida. Mediante el suministro del pulso por el transformador de pulsos al tubo de salida, el thyratrons regulaba la fuente de salto de frecuencia. Lo que hizo posible el control mental y el estiramiento del tiempo fue el salto de frecuencia.

10
LA SILLA DE MONTAUK

En los años 50, el ITT desarrolló la tecnología de sensor que podía literalmente enseñar lo que una persona pensaba. Básicamente era una máquina de leer el pensamiento. Operaba en base al principio de detectar las funciones electromagnéticas de los seres humanos y traducirlos en una forma entendible. Consistía de una silla en la que se sentaba una persona. Alrededor de la silla se colocaban unas bobinas que servían de sensores. Habían también tres receptores, seis canales y una computadora Cray 1 que exponía lo que estaba pasando en la mente de la persona – digitalmente o en una pantalla.

Sigue siendo un misterio el cómo llegaron a desarrollar esa tecnología. Hay algunos que dicen que la investigación se hizo con el apoyo de los Sirianos, una raza alienígena que vienen del sistema estelar conocido como Sirius. De acuerdo a esa teoría, los extraterrestres facilitaron el diseño principal y los humanos lo pusieron en práctica.

Tres pares de bobinas estaban colocadas en forma de pirámide alrededor de la silla. Había también una bobina alrededor de la parte superior de la pirámide para ir en paralelo con la bobina base. La persona se sentaba dentro del campo de las bobinas. Los tres pares de bobinas estaban conectadas a tres receptores de radio distintos (Hammerland Super ProP 600's) y seis potencias de salida. Un detector de banda lateral independiente, que tenía un sistema portador flotante de referencia, proporcionaba seis salidas de los tres receptores. Tres de estas eran de la banda lateral debajo de la onda portadora. Esto arroja una pregunta muy importante. Si este dispositivo leía los pensamientos, ¿cuál era la onda portadora que se utilizaba para hacerlo?

Con el uso de un oscilador, los detectores de los receptores podían encerrar un fantasma o una señal etérica que estaba detectada por las bobinas. De hecho, no era una onda portadora tal como la conoceríamos normalmente. Los detectores encerraban el nivel pico de ruido detectado por las bobinas de los tres conjuntos de frecuencia con los que estaban sintonizados los receptores.

En ese punto, el equipo de investigación era capaz realmente de detectar las señales que representaban las funciones comparables de la mente humana. Unas señales fuertes que cambiaban a la vez con los pensamientos de una persona salían de los receptores. En realidad, este dispositivo leía el aura humana, que es una palabra utilizada por los físicos y metafísicos para describir el campo electromagnético que rodea el cuerpo humano. De la misma manera en que el habla humana se transmite por vía de las ondas de radio, este dispositivo llevaba-transmitía pensamientos (que teóricamente se manifiestan en el aura).

Los seis canales de salida de los receptores traspasaban un convertidor digital (convirtiéndolos en lenguaje informático) y eran introducidos en un ordenador. Se utilizó un ordenador tipo A Cray 1 para decodificar lo que detectaban los receptores. Mucho trabajo duro y un procesamiento informático aún más intenso llevaron las cosas hasta un punto en el que el ordenador pudo imprimir un dialogo. Ese sería el dialogo fluido de la persona en proceso de pensamiento.

Trabajaron incluso más hasta llegar a donde una persona visualizaba algo y eso realmente aparecía como una imagen en la pantalla del ordenador. Continuaron con las mejoras y los ajustes hasta que consiguieron una representación 3D del aspecto (de los pensamientos de la persona) audio/visual real en la pantalla del ordenador, que a su vez podía ser impreso.

Cuando las personas de Montauk oyeron sobre ese dispositivo para leer la mente pensaron que era algo genial. Quisieron convertir esa máquina en un transmisor. Ello podría eliminar los riesgos de que los seres humanos sufriesen por las experimentaciones de invisibilidad y de tiempo. La teoría era que una persona en la silla transmitiría una realidad alternativa a los miembros de la tripulación (algo parecido al Experimento de Filadelfia). Cuando la nave se hacía invisible, entonces la tripulación estaría sincronizada con la realidad alternativa y no se encontraría desorientada o perdida de punto de vista mental.

En ese punto se procuró una silla a la que nos referimos ahora como la famosa "Silla de Montauk". Estaba conectada a la configuración de bobina de ITT. El ordenador tipo Cray 1, que era utilizado para decodificar las transmisiones generadas por las personas sentadas en la silla, era sincronizado con un ordenador tipo IBM 360. Este, a su vez, era sincronizado con el transmisor de Montauk.

El ordenador tipo IBM 360 era necesario para controlar la modulación del transmisor de modo que el transmisor pudiese saltar de frecuencia a lo largo de la banda entera.

Me acordé que alrededor de esa época Al Bielek adquirió un papel clave. Al es uno de los autores del libro *The Philadelphia Experiment and Other UFO Conspiracies* (*El Experimento Philadelphia y Otras Conspiraciones de OVNI*). Él también tiene recuerdos de haber sido implicado en el Proyecto Arco Íris. Inicialmente, fue incorporado al proyecto para explicar que era lo que pasaba de punto de visto metafísico por el uso del transmisor sobre los seres humanos. Fue elegido no solo por sus estudios en ingeniería sino especialmente porque era muy sensitivo de punto de vista psíquico y tenía un conocimiento extenso sobre asuntos esotéricos.

Ahora era trabajo de Al lo de sincronizar el ordenador tipo Cray 1 con el IBM 360. El Cray 1 desplegaba toneladas de información. No sabían qué hacer con ella y necesitaban a alguien con conocimientos esotéricos para solucionarlo. Tuvieron que convertir lo que el Cray 1 desplegaba de modo que se sincronizase con la intención del ordenador de modulación de pulso. El IBM 360 servía esa función y fue utilizado básicamente como traductor y banco de almacenamiento para lo que el Cray 1 desplegaba. Al se implicó seriamente porque era parte del equipo que descubrió qué programas meter en el IBM 360 para poder traducir la potencia de salida del Cray 1 y accionar el transmisor.

El transmisor tenía un ordenador de modulación en el que se introducía digitalmente el típico código de 32 bits desplegado por el 360. El ordenador de modulación y el transmisor estaban listos. El IBM 360 comunicaba al ordenador de modulación la manera de ajustar el transmisor. Ahora teníamos un sistema en el que una persona podía introducir datos de palabras de 32 bits, y el transmisor devolvía algo. Y aquí la silla alimentaba los receptores que suministraban al Cray 1 que comunicaba lo que la persona estaba pensando. Tuvieron que coger esto y traducir lo que salía del Cray 1 y hacer que el IBM 360 recodificase la forma pensamiento que se estaba transmitiendo en realidad. Les llevó casi un año para conectar con éxito los ordenadores.

Yo me había unido al proyecto en ese periodo para trabajar con las frecuencias de radio y con el transmisor. A pesar de haber obtenido un cierto éxito con la conexión de los ordenadores, tenían muchos problemas con la retroalimentación del transmisor a la silla. La solución para la retroalimentación fue mover la silla por la costa, en el centro de ITT de Southampton, Long Island. Un psíquico se sentaba en la silla en Southampton y transmitía al transmisor de Montauk a través del ordenador.

El psíquico tenía ciertos pensamientos y el Cray 1 los decodificaba. Esos pensamientos se metían en una conexión de radio de 32 bits y se enviaban a Montauk donde entrarían en el IBM 360. Después, el ordenador IBM lo emitía mediante el transmisor y podía construir una forma-pensamiento en Montauk generada por lo que estaba pensando el psíquico de Southampton. El dispositivo era de hecho un amplificador de la mente.

Les llevó otro año de investigación antes de que pudieran obtener una señal legible (basada en los pensamientos del psíquico de Southampton) enviada a Montauk y mediante el transmisor. Eso fue su primer objetivo: conseguir una fidelidad del pensamiento de la silla mediante el transmisor de Montauk y por la antena. Aparte de Duncan, hubo un par de otros psíquicos en el sitio. Estos perfeccionaron literalmente los programas del ordenador. Finalmente, las formas pensamientos se volvieron claras. El psíquico de Southampton podía concentrar en algo y el transmisor de Montauk transmitía una representación muy clara de sus pensamientos.

Ese fue el primer punto en el que el transmisor de Montauk trabajaba con alta fidelidad de pensamiento.

En otro año, a principios de 1975, si bien me acuerdo, descubrieron otro inconveniente. Si hubiese un fallo en el flujo de tiempo de nuestra realidad, todo se vendría abajo. En otras palabras, si el psíquico de la silla proyectase una realidad (en este caso en términos de tiempo) que no era acorde con la nuestra (i.e. el flujo de tiempo de nuestra realidad), ello podría causar la rotura de la conexión entre Southampton y Montauk. Cualquier fallo en el tiempoespacio entre las dos ciudades podría causar el cese de la transmisión de la forma-pensamiento.

Para entender mejor un fallo en el tiempo, imagínese el tiempo como un flujo o una pulsación continua. A medida que la pulsación de tiempo interacciona y cambia la forma con otros flujos o fenómenos tenemos el movimiento tal como lo conocemos ante el fondo del tiempo. Cuando esas pulsaciones núcleos que constituyen el tiempo se cambian (debido a un cambio de la realidad u otro fenómeno), también cambian la dirección, velocidad y flujo de tiempo. Esto es lo que llaman fallo en el tiempo. Teóricamente estos pasan de vez en cuando, y dado que nosotros estamos referenciados en nuestra realidad, no notamos realmente el fallo en el tiempo. El fenómeno de déjà vu podría ser un ejemplo de fallo en la trama del tiempo.

Los experimentos del control de la mente con el transmisor no siempre funcionaban con la silla en Southampton. Esto se debía a los fallos en el tiempo. También se conocía que si el transmisor se alimentase de una gran cantidad de energía durante un fallo en el tiempo los efectos podrían ser desastrosos.

Ahora resultaba imperativo hacer funcionar la silla de Montauk. Al principio pusieron un apantallamiento tremendo alrededor de la silla de modo que los campos electromagnéticos de Montauk no le afectasen. Eso no funcionó así que intentaron colocar la silla en una zona muerta de punto de vista electromagnético. Eligieron la mejor zona muerta disponible pero eso tampoco generó resultados positivos.

Trabajaron en ello hasta mediados de '75 pero continuaron a tener dificultades hasta consultar el prototipo original en el que se basaba la silla (supuestamente proyectado por los Sirianos). Ese dispositivo no era idéntico al que la ITT había construido. Tenía un tipo distinto de configuración de bobina en la cual las bobinas estaban conectadas a receptores de cristal. Esos eran cristales reales y no dispositivos electrónicos comunes.

Después de revisar el prototipo, se organizaron concursos secretos para una nueva silla y la RCA vino con la oferta ganadora. Nikola Tesla* había diseñado receptores para la RCA en los años treinta. El trabajo de Tesla durante ese periodo

* Nikola Tesla fue un genio en el dominio electrónico y el primero e descubrir y aplicar los principios de la corriente alterna. Apoyado de punto de vista financiero por George Westinghouse, el revolucionó la manera en la que la electricidad se utilizó en todo el mundo. Véase el Apéndice D para más información sobre Tesla.

se hizo bajo el nombre de "N. Terbo", que era el nombre de soltera de su madre. Esos receptores Tesla tenían estructuras de bobinas muy especiales. Eran bobinas normales de radio pero arregladas en patrones raros de acoplamiento tal como habían sido establecidos y diseñados por Tesla.

El equipo de la Silla de Montauk también fue mejorado mediante uso de bobinas Helmholtz. Esas fueron colocadas alrededor de la silla para servir como bobinas detectoras. En la electrónica corriente, las bobinas Helmholtz consisten de dos clases de bobinas. Esas poseen una propiedad única en el sentido de que sus fases pueden ser sincronizadas para crear un campo constante (de energía por dentro de las bobinas. En Montauk, los investigadores extrapolaron sobre el principio de las bobinas Helmholtz. Ellos utilizaron tres clases de bobinas (X, Y y Z), y sincronizó sus fases de modo que mientras se mantenía una energía constante por dentro de las bobinas por fuera no existía ningún efecto en absoluto.

La estructura de las bobinas de los receptores diseñados por Tesla fue ideal para el Proyecto Montauk. No solo la silla estaba situada en una estructura de bobinas sino también los receptores. Y eso apantallaba el campo de energía.

Convendría señalar que las estructuras de bobinas de los receptores de Tesla son conocidos también como estructuras de bobinas Delta T o Delta Time. La propiedad de apantallamiento de un campo de energía es parte de lo que hizo posible crear un "efecto de botella" alrededor de *USS Eldridge* en el Experimento de Filadelfia. Esas bobinas Delta T estaban de hecho detectando tres ejes de señales temporales. Siendo más pertinentes para el proyecto, ya no tenían una conexión microondas que podría fracasar durante un cambio de realidad.

Para conseguir que la silla de Montauk funcionase sin interferencias, tuvieron que reproducir lo que los receptores de cristal hacían por medio de la tecnología "Siria". Las estructuras de bobina de los receptores prototipo eran estructuras de bobina tipo Delta Time. El receptor mismo incluía la función Delta Time, y no la antena. La ITT incluyo la función Delta Time en la antena en lugar de los receptores. La versión RCA utilizó bobinas receptoras estándar tipo Helmholtz que podrían conseguir la conversión Delta Time en los receptores. También tenían el mismo tipo de sistema detector y ajustes de oscilador que la ITT utilizó con el ordenador tipo Cray 1.

En ese punto, la silla incluía solo la bobina. No había ninguna sensibilidad fuera de la estructura de bobina. Podrían poner la silla en el punto muerto situado entre la antena transmisora que estaba encima del edificio transmisor y la antena transmisora magnética que estaba bajo suelo. Esa estaba en el sótano subterráneo del edificio del transmisor, que ya había sido apantallado sólidamente. Esas fueron empleadas para sincronizar todos los osciladores locales con la señal, similar al sistema de ITT.

Ahora, la antena, el transmisor, y la silla estaban en el mismo plano temporal. Los ordenadores estaban en su propio plano temporal. No importaba si tenían la silla bajo tierra y el Cray y el 360 en el otro edificio (devolviendo al edificio transmisor). Cuando todo es digitalizado uno ya no existe en tiempo real. Se crea un "tiempo falso". Los ordenadores podrían haber sido colocados en cualquier sitio. El edificio de los ordenadores fue diseñado para operar ordenadores y actuó como escudo contra la electromagnética y la energía procedentes de la antena de forma que éstas no interferiesen con el ordenador. El centro de operación era totalmente apantallado en acero y cemento.

Finalmente, crearon la segunda y última generación de silla de Montauk. Desempeñaba el mismo objetivo que la primera silla. Traía los mismos seis canales de información al ordenador, pero había una ventaja adicional. Era inmune a la señal proveniente de la antena. Ahora la señal desde la antena ya no repercutía para causar interferencia. De esta forma, lo tenían todo en el mismo lugar. Pasaron otros seis meses hasta finales de '75, principios de '76, simplemente alineando, ajustando, y asegurándose de que todo era funcional.

Al final consiguieron que el transmisor funcionase, lo cual era bastante asombroso. Lo que pasó después fue aún más asombroso.

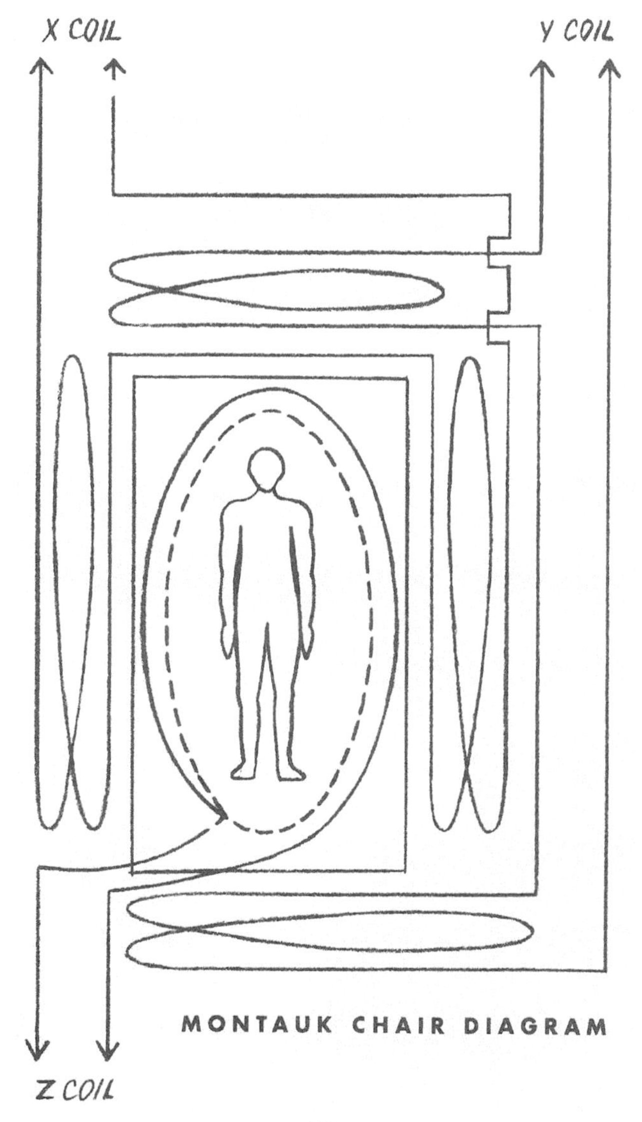

MONTAUK CHAIR DIAGRAM

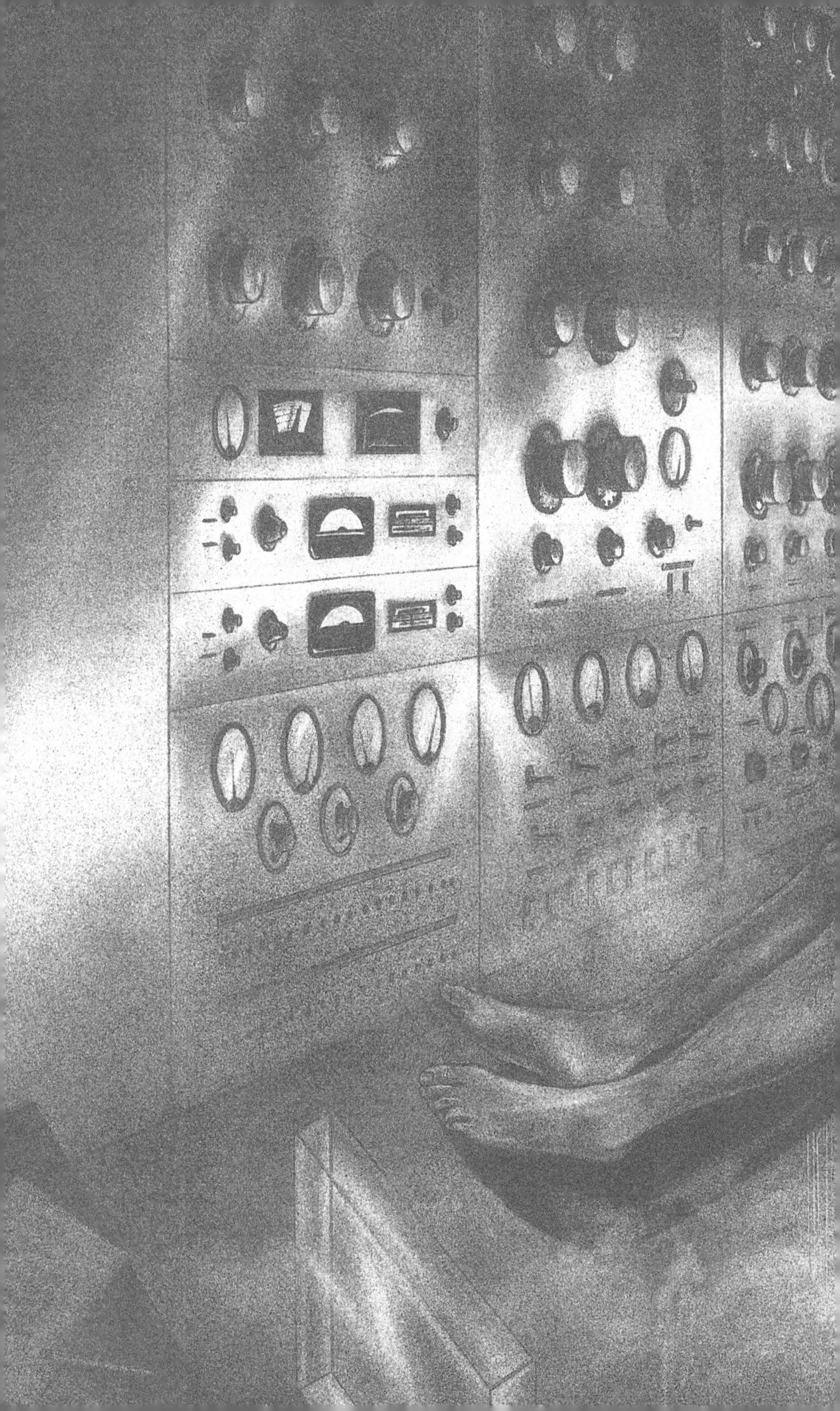

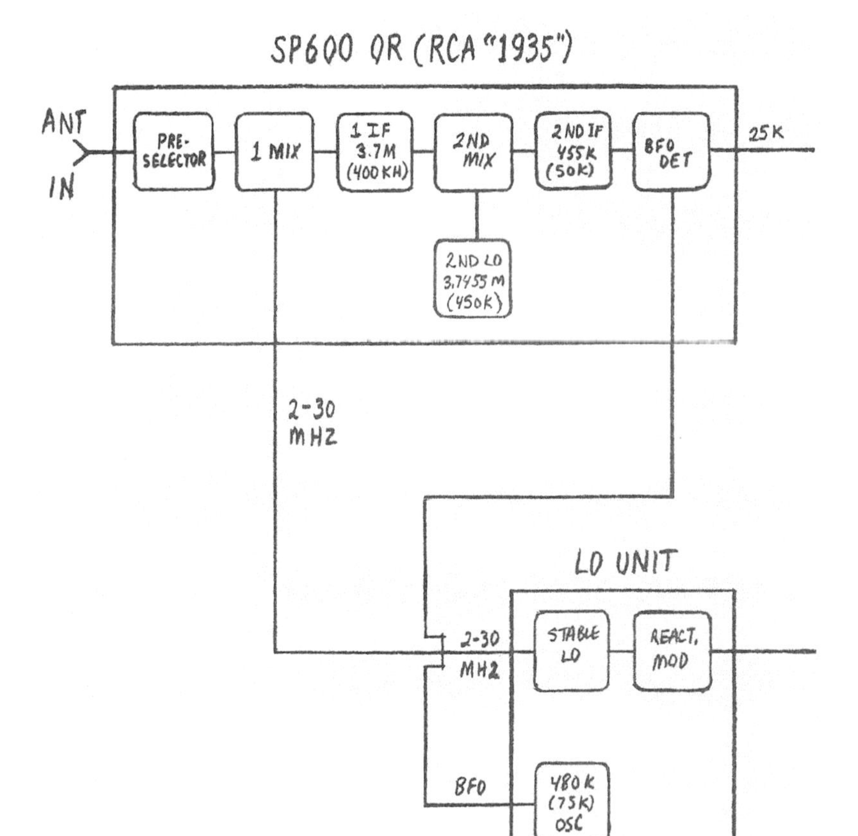

MONTAUK CHAIR RECEIVER

VERSION 1 SP600 VERSION 2 (RCA)

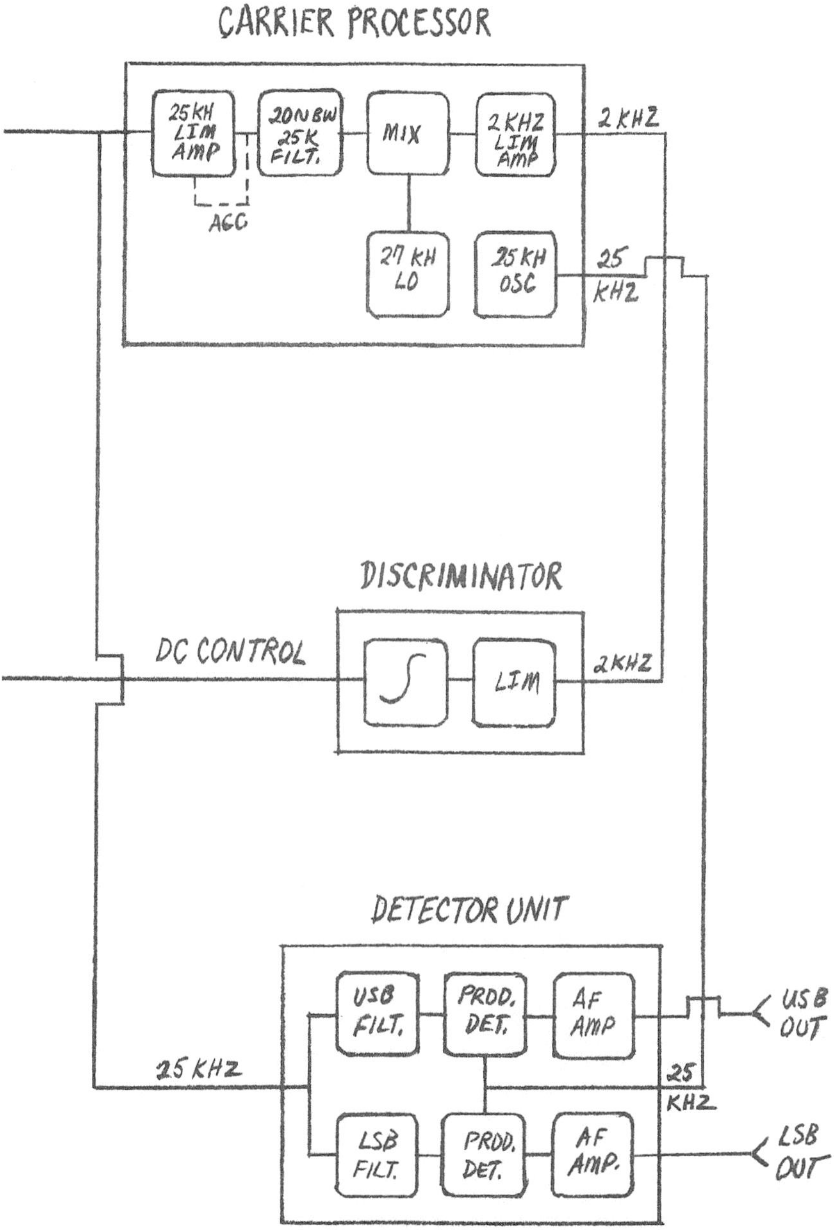

CARRIER PROCESSOR

25 KH LIM AMP
20 NBW 25K FILT.
MIX
2 KHZ LIM AMP
2 KHZ
AGC
27 KH LO
25 KH OSC
25 KHZ

DISCRIMINATOR

DC CONTROL
LIM
2 KHZ

DETECTOR UNIT

USB FILT.
PROD. DET.
AF AMP
USB OUT
25 KHZ
25 KHZ
LSB FILT.
PROD. DET.
AF AMP.
LSB OUT

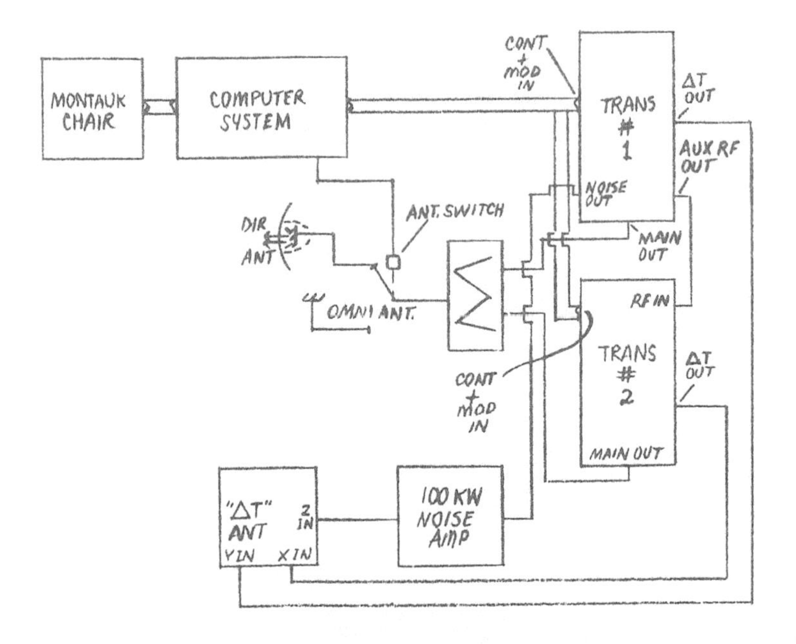

OVERALL BLOCK DIAGRAM

11
CREACIÓN DESDE EL ÉTER

Después de hacer funcionar el transmisor, les llevó casi otro año para cuadrar los programas de ordenador de manera que el sistema recibiese y transmitiese todas las funciones psico-activos. Hasta finales de los setenta, el transmisor reproducía formas pensamientos sin fallos técnicos y con un grado alto de fidelidad. En ese punto desplegaron todos sus recursos. ¿Le pidieron al psíquico, Duncan Cameron, que concentrase en una objeto sólido y ¿adivina que pasó? ¡El objeto sólido realmente se precipitó fuera del éter!

En su mente, se concentraba en un objeto sólido, y ese aparecía en alguna parte de la base. Cualquiera que fuese la visualización de Duncan, el transmisor la transmitía a la red (o matriz), y creaba suficiente energía para materializar todo lo que estaba pensando. Cualquier punto en el que pudiese presenciar un punto específico de la base, en ese mismo punto se materializaba un objeto. En otras palabras, si sujetase un objeto en las manos y/o lo visualizase, ese aparecía en un punto establecido. De hecho, habían descubierto la creación pura resultada del pensamiento con el uso del transmisor.

Cualesquiera que fuesen los pensamientos de Duncan estas se materializaban. Muchas veces, solo eran visibles pero no solidos al tacto, como un fantasma. Otras veces, era un objeto real solido que permanecía estable en el sitio. Y algunas veces, era un objeto solido que permanecía mientras el transmisor estaba encendido y se desvanecía mientras el transmisor se estaba apagando. Las indicaciones que venían del ordenador daban una representación precisa de los pensamientos de Duncan. Entonces, los investigadores podían seleccionar los pensamientos que estaban emitidos a través del transmisor. La mayoría de esas formas de pensamientos fueron emitidas en la vecindad de la Base de las Fuerzas Aéreas de Montauk, pero se utilizaron otros lugares también.

Lo que Duncan pensaba como si fuese una realidad subjetiva se creaba como una realidad objetiva (sea solida o transparente, en función de las circunstancias). Por ejemplo, podía pensar en un edificio entero y ese edificio aparecía en la base. Experimentos de ese tipo eran costumbre.

El sistema operaba con un alto grado de fidelidad. Ahora querían ver que podrían hacer con él. El primer experimento fue nombrado "el Ojo Vigilante". Con un mecho de cabello de alguien u otros objetos adecuados en sus manos, Duncan se concentraba en esa persona y era capaz de ver a través de sus ojos, oír a través de sus orejas, y sentir a través de su cuerpo. Realmente podía ver a través de otras personas, en cualquier lugar del mundo. Las experimentaciones de este tipo fueron extensas pero no sé hasta donde las llevaron.

Es realmente increíble que hayan podido realizar una hazaña de este tamaño, sin embargo la agenda que tenían era mejor siniestra que increíble. Estaban interesados en controlar la manera de pensar de la gente. El siguiente paso fue ver si podrían meter pensamientos en la cabeza de otra persona. Por ejemplo, Duncan tenía que encontrarse con una persona sujeta al experimento. Después del encuentro, y sin que la persona tuviese conocimiento de ello, Duncan focalizaba su mente en ella. Noventa y nueve por ciento del tiempo, el sujeto tenía pensamientos similares a los de Duncan. Siendo capaz de entrar tan profundamente en la mente de otra persona, Duncan podía controlar otras personas y determinarlas que hiciesen lo que él quería. Ese factor de control estaba a un nivel más profundo que la hipnosis corriente.

Por medio de Duncan, del equipo y del transmisor de Montauk, los científicos podían de hecho subir información, programas y órdenes en la mente de una persona. Los pensamientos de Duncan se convertían en los pensamientos propios de una persona. Y por medio de ese proceso, una persona podía ser determinada a hacer algo que normalmente no haría. Ese fue el inicio del aspecto del Proyecto Montauk que implicó el control de la mente.

Esa línea de investigación continuó hasta alrededor de 1979. Muchos otros experimentos distintos lo acompañaron. Algunos de esos fueron interesantes pero otros tuvieron consecuencias horribles. Iban dirigidas hacia personas o grupos de personas, animales, lugares y tecnología. Básicamente, podían establecer cualquier objetivo que hubieran querido. Por ejemplo, podían hacer que un televisor volviese loco. Podrían detener la imagen o hacerla desaparecer completamente. Podrían mover objetos telekineticamente y destruir habitaciones.

En un caso particular, Duncan se concentró en romper una ventana. Se generó energía suficiente hasta el punto en que rompió una ventana en la ciudad vecina a Montauk. Podían hacer que los animales saliesen volando de un punto de Montauk hacia la ciudad. La gente podía ser influida en empezar una ola de delitos.

Uno debería entender que en el momento en que Duncan hacia esos experimentos, se encontraba en un estado alterado de conciencia. Había recibido entrenamiento especial en este sentido que probablemente fue facilitado por la CIA o la NSA. En cualquier de los casos, su mente consciente quedaba entretenida mediante éxtasis sexual.

En esos momentos, emergía lo que uno podría llamar la mente primitiva. Duncan, la persona, era transferida a un trance orgásmico. Su mente primitiva, a disposición de los investigadores, se volvió muy sugestionable y, por lo tanto, fácil de controlar.

Para esa programación, la información se podía instalar por medio de cualquier sentido del cuerpo. Duncan era dirigido a concentrar su mente primitiva en la información instalada de ese modo. Por ejemplo, una vez que su mente primitiva emergía y recibía la orden de concentrar en algo, lo haría con el ser entero. Su mente entera se focalizaba en un solo tema, mientras su cuerpo entraba en animación suspendida.

La mente primitiva también podía ser borrada de los programas anteriores, y otros podían ser incorporados en su lugar. Había un traductor literal, por medio del cual podían programar lo que quisieran. Palabras expresadas verbalmente, palabras escritas, películas, música o todo lo que hacía falta, fue empleado para servir la mente primitiva.

Esas técnicas fueron las llaves para conseguir formas claras de pensamiento del transmisor que podían, ya sea afectar la mente de una persona, o facilitar la creación desde el éter.

Hasta 1978, las técnicas de control mental habían sido plenamente desarrolladas y registradas. Se grabaron las cintas adecuadas que fueron distribuidas a distintas agencias para que pudiesen ser convertidas en un instrumento práctico.

12
DISTORSIÓN DEL TIEMPO

Mientras continuaron con los experimentos durante 1979, se observó un fenómeno muy peculiar. Como los pensamientos de Duncan eran proyectados a través del transmisor, de repente cesaron. Esto fue decepcionante y pareció deberse a un fallo. Al final se comprobó que la proyección de los pensamientos de Duncan no había cesado. ¡Simplemente ocurría fuera del flujo normal de tiempo!

Por ejemplo, se centraba en algo alrededor de las 8:00 P.M. y el objeto o evento ocurría por la noche o incluso a las 6:00 A.M. Cualesquiera que fuesen sus pensamientos estos no ocurrían en el momento en que los estaba teniendo.

Básicamente parecía que ahora los científicos de Montauk eran capaces de utilizar los poderes psíquicos de Duncan para estirar el tiempo!

Empezaron a investigar el fenómeno con mucha ilusión. Nos requirieron a todos atender lo que eran conocidas como "las Conferencias de Sigma", las cuales se celebraban cerca de Olympia, Washington. Estas conferencias trataban sobre el tema de las funciones del tiempo, y nosotros estábamos allí para ganar mejores conocimientos sobre cómo funcionaba el tiempo. Nos dijeron que teníamos que optimizar el uso de transmisor para manipular el tiempo.

Aprendimos que el equipo utilizado tenia poder suficiente para estirar el tiempo, pero no estaba haciendo el trabajo completo. Las antenas empleadas causaban algo que podría ser un efecto secundario de "distorsión de tiempo". No obstante, ese efecto secundario de cambio de tiempo comprobó que el equipo básico era suficiente para hacer el trabajo. Pero necesitábamos una antena que fuese mucho más eficiente en crear potenciales de tiempo.

Después de atender varias conferencias y hablar con muchas personas, nuestro grupo de investigación decidió que la frecuencia utilizada no funcionaba. Se tenían que hacer cambios, tales como armar pulsos en una bobina. También estudiamos geometría basada en los pirámides y como utilizarlo para curvar el campo del tiempo. Adicionalmente, tuvimos que aprender más sobre lo que llaman la función Delta Time (función de cambio de tiempo).

La pista clave para nuestro entendimiento del tiempo era una sugerencia para emplear un tipo particular de estructura de antena, lo que ahora conocemos como antena Orion Delta T. Se llama “Orion” porque circuló un rumor persistente de que el diseño fue entregado al proyecto por los extraterrestres de la constelación de Orion (este es un grupo de extraterrestres distinto de los Sirianos cuyos conocimientos supuestamente fueron utilizados para la silla de Montauk). De acuerdo al rumor, los Oriones sabían que estábamos cerca de lograr nuestra tarea y tenían su propia agenda para ayudarnos.

La Orion Delta T era una antena inmensa octaedronal, y fue situada en el subterráneo. Tenía una altura de alrededor de 100 a 150 pies de un extremo a otro. Las excavaciones se finalizaron a casi 300 pies para almacenar la antena debajo del transmisor.

La silla de Montauk fue colocada debajo del transmisor y encima de la antena Delta T. Esto se hizo para sincronizar la antena RF de la superficie con la antena circular debajo de la tierra de modo que la silla se encontrase en un punto nulo entre ellas. El punto nulo se suponía que debía suprimir la interferencia aún más a fondo. Quitaba de en medio la interferencia de la silla - completamente.

La antena de transmisión Delta T era suministrada por tres impulsos. Dos de los impulsos venían de los moduladores de pulso de los dos transmisores y alimentaban las bobinas X e Y de la Delta T. (el mismo pulso que suministraba energía al amplitron también suministraba energía a la antena subterránea Delta T). El tercer eje era el eje Z. Fue colocado alrededor del perímetro de la antena y era generado por una fuente de ruido blanco* que venía de un amplificador audio de 250 kilowatt. El ruido blanco correlacionaba el transmisor entero y más sobre ello se dirá más adelante.

La RF era alimentada a una antena omnidireccional localizada sobre la tierra encima del edificio transmisor. Adicionalmente, el componente non-hertziano (el cual es de naturaleza etérico) de la RF consiguió llegar bajo la tierra y se conectó con el campo magnético generado en el subterráneo. Cuando estas frecuencias se suman de esta manera el resultado son alteraciones y distorsiones en el tiempo.

Las técnicas básicas fueron las mismas que las empleadas en el Experimento de Philadelphia. A borde de *Eldridge*, tuvieron las transmisiones de RF en el mástil principal de la nave. Las bobinas fueron colocadas alrededor del puente y dirigidas por impulsos. Principalmente, habíamos duplicado la máquina del Proyecto Arcoíris, pero una versión actualizada. Esta máquina también hizo que el proyecto fuese más fácil de controlar.

Aparte de la antena Delta T, hay otros dos puntos clave que hay que entender: el tiempo cero y el ruido blanco.

Previamente se hizo cierta referencia al tiempo cero,

* El ruido blanco es un impulso a cada frecuencia al mismo tiempo. Al ajustar tu sintonizador de radio FM el ruido que escuchas entre puestos es ruido blanco. Puede considerarse como un repentino surgimiento a cada frecuencia o una serie de impulsos lanzados juntos.

pero ahora ofreceré una visión más completa sobre ello. Primero, el tiempo cero está fuera del campo de nuestro universo común de tres dimensiones. Sería considerado superior/anterior al mundo creado puesto que el tiempo cero existió previo a la creación de nuestro mundo. El tiempo cero es nuestra conexión básica con el universo.

Mientras nuestro universo gira, la rotación es alrededor del tiempo cero. Pero el nuestro no es el único universo que hay. Cada universo tiene un punto cero. Todos los puntos cero de distintos universos coinciden y nunca mueven: por ello se llama punto cero.

Podría ayudar imaginarse un desfile tipo carrusel que gira alrededor de una cabina central. La persona dentro de la cabina representaría el punto cero. Aparte de este carrusel, habría más carruseles a niveles diferentes, pero todos estarían bajo el control de la cabina central de punto cero.

En 1920 Nikola Tesla ya había construido un generador de referencia de punto cero. Consistía de una diversidad de dispositivos rotativos y ruedas giratorias. Fue referido coloquialmente como el "molinete". Es un dispositivo extraño porque al encenderlo se puede oír cómo se está conectando a algo, pero no nos referimos a una fuente de electricidad. Dicen que se conecta a la rotación de la Tierra misma, la cual es una referencia secundaria del tiempo cero. Es secundaria porque la rotación de la Tierra está relacionada al sistema solar de punto de vista de la inercia, el cual de la misma forma está relacionado a la galaxia, y así hasta el universo. El universo gira alrededor del punto de tiempo cero.

Uno puede comprender todo esto mejor estudiando a Tesla, el cómo descubrió la corriente alterna mediante la aplicación de los principios de los campos rotativos magnéticos de la tierra. El generador de tiempo cero es hasta cierto grado una extrapolación de ello, sin embargo no se refiere solamente a la rotación de la Tierra. Toma en cuenta la órbita del Sol, nuestra galaxia, y básicamente el centro de toda nuestra realidad.

El otro punto clave que hay que entender es el ruido blanco. El ruido blanco puede ser considerado como el pegamento que hace funcionar toda la operación. Básicamente hizo coherente el sistema de transmisión entero. Es una operación técnica muy compleja que voy a simplificar.

El transmisor SAGE contenía algo como cuarenta o cincuenta osciladores, mezcladoras y amplificadores controlados por cristales, que generaban una señal de 425 MHz. También tenía "agilidad de frecuencia", lo cual significaba que era capaz de cambiar de una frecuencia a otra espontáneamente.

Junto con el transmisor, tenían algo llamado "COHO" o un "equipo oscilador coherente". Normalmente, un "COHO" funcionaria teniendo una sola referencia de frecuencia. No obstante, esto no es como el transmisor de Montauk consiguió coherencia.

Para hacerlo coherente en totalidad, cogimos todos los osciladores disponibles y modulamos su amplitud con ruido blanco. Como el ruido blanco es cincuenta por ciento correlacionado con todo, sirve una función universal de auto-correlación. El resultado fue que todos los componentes etericos de los osciladores eran ahora coherentes uno con el otro. No estábamos intentando correlacionar las funciones eléctricas normales ya que estas no nos interesaban. Únicamente estábamos interesados en las funciones etericas puesto que generaron los resultados que estábamos buscando.

Era necesaria una referencia de tiempo muy estable del generador de tiempo cero. Eso produjo dos ondas de 30 hertz, con referencia a tiempo cero. Una era conectada a los ordenadores y sincronizaba el reloj o las funciones de coordinación de tiempo. La otra modulaba el generador de ruido blanco. Mediante ajuste de la fase entre las dos, pudimos centrarnos en y monitorizar la operación entera.

Esto nos ayudó en llevar las correlaciones del ruido blanco y direccionarlo justo en el punto de tiempo central, por donde cruza todo tiempo.

El objetivo de este experimento fue dar coherencia a las transmisiones psíquicas de Duncan. El Dr. von Neumann nos había dado instrucciones de que el transmisor debía tener coherencia de tiempo con respecto a tiempo cero. La referencia molinete de tiempo cero también sirvió como un punto de testigo en el pasado Experimento de Filadelfia, y esto fue muy importante. El proyecto estaba intentando abrir una puerta de tiempo hacia la nave *USS Eldridge* en 1943.

Las modificaciones al equipo continuaron a lo largo del 1979, hasta que tuvimos un sistema de transmisión coherente con respecto a la fase de tiempo.

Ahora tenían que calibrar a Duncan. Esto significaba que tenían que ajustar y modificar el equipo para sincronizarlo con él. Ya había demostrado que tenía referencias de punto cero por sí mismo cuando ocurrió la curvatura involuntaria de tiempo. Esto probablemente se podría explicar mejor debido a su experiencia previa durante el Experimento de Philadelphia. Allí había saltado de la nave de *Eldridge* y fue empujado en un vórtice de tiempo. En Montauk, se encontraba en una completamente nueva serie de circunstancies, pero aparentemente su familiarización con el tiempo cero nunca lo había dejado.

Hubo también otros psíquicos pero Duncan fue el primero que utilizaron, y estaba en la silla noventa por ciento del tiempo cuando el sistema era operativo. Si se pusiera enfermo o se sintiera mal esperarían un día. Porque cada vez que cambiaban el operador tenían que recalibrar y reprogramar los ordenadores y el modulador de pulso, y tardaban alrededor de dos días enteros para conseguirlo. Si Duncan estuviese fuera por dos semanas o más, traerían otro operador, pero solo recuerdo una vez cuando lo hicieron. Fue casi un desastre porque no pasaron suficiente tiempo en la calibración inicial. Desde ese momento fue Duncan, y solo el, la única persona quien manejaba el equipo. Sin embargo, tenían que tener también una reserva en caso de que algo le pasase a Duncan.

Hasta el 1980, el reflector radar grande (que se parece a una cascara gigante de plátano) encima del edificio ya no era operativo. Ahora habían dos transmisores que alimentaban la antena omnidireccional (la situada en la superficie de la tierra). Los moduladores de pulso de los transmisores alimentaban tanto esa antena como las bobinas de la antena Delta T (subterránea).

Además, estaba conectada al ordenador la silla de Montauk, que ahora venía colocada entre ambas antenas en el punto nulo. Hasta ese momento, el sistema del ordenador era enorme y estaba almacenado dentro de la sala de control al lado de la torre radar. Adicionalmente, la sala de control contenía un montón de terminales diferentes y monitores de visualización para monitorizar varias actividades del proyecto.

Duncan empezaba por sentarse en la silla. Después, se encendía el transmisor. Su mente se quedaba en blanco y era limpia. Después, estaba direccionado para concentrar en una apertura en el tiempo, digamos desde 1980 (que en ese momento representaba la actualidad) hasta 1990. En ese punto, justo en el centro de la antena Delta T aparecía un "agujero" o un portal de tiempo – podrías entrar por el portal desde 1980 hasta 1990. Había un hueco por el cual podrías ver. Se parecía a una corredor circular con una luz al otro lado. La puerta de tiempo permanecía abierta mientras Duncan continuaba centrarse en 1990 y 1980.

Los que entraron por el túnel me dijeron que se parecía a una espiral, similar a las interpretaciones estilo ciencia ficción de un vórtice. Cuando se encontraban fuera del túnel, se veía como si mirases por el espacio – de un hueco circular a través del espacio a otra ventana circular un poco más pequeña al otro lado. A mí me consideraban demasiado valioso para la operación técnica y estaba prohibido viajar por el portal.

Desde 1980 hasta finales de 1981, la función de tiempo fue calibrada. Al principio, los portales de tiempo iban a la deriva. Uno podría entrar por el portal y salir al otro lado enl 1960. Pero cuando uno regresaba para encontrarlo más tarde, aunque se pudiese monitorizar en tiempo real, el portal no aparecía en el lugar en el que tenía que estar. Uno podría perderse muy fácilmente en el tiempo y en el espacio. Inicialmente, el portal estaba abierto pero era arrastrado. Esto pasaba porque Duncan mismo era arrastrado. Tuvo que pasar por un entrenamiento extensivo para conseguir la estabilidad del portal. También tuvo que enfocar el trasmisor más de cerca y reforzar la traducción de la forma de pensamiento para hacerlo todo bien. Pasaba días intentando hacer ocurrir un cambio de tiempo particular conforme con lo previsto. Sin embargo, no encontraron ningún problema en especial para crear una distorsión en el tiempo. Lo difícil era predecir lo que eso iba a acarrear. Finalmente, hacia finales de 1981, aprendimos como estabilizar el postal de modo que permaneciera cuando se manifestase. Aunque la función no era completamente perfecta, era predecible, estable y marchaba de acuerdo con los planes.

Esencialmente, lo que los científicos hacían era utilizar el vórtice de 1943, 1963, 1983, que era basado en los biorritmos naturales de veinte años de la Tierra.

Los años 1943, 1963 y 1983 actuaron como puntos de anclaje para el vórtice principal. Los sub-vórtices o los vórtices no concluyentes estaban creados partiendo del vórtice principal a través de un punto de anclaje ('43, '63 o '83). En caso de Montauk, utilizaron la fecha de 12 de Agosto de 1983.

Por ejemplo, digamos que querían llegar a Noviembre de 1981. Habría un punto puente del Noviembre de 1981 a 12 de Agosto de 1983. Del 12 de Agosto de 1983 podrían ir a cualquier periodo de tiempo que deseaben. El vórtice tenía lugar entre 12 de Agosto de 1943 y el 12 de Agosto de 1983 porque ese era el vórtice máster. Eso les dio la estabilidad para crear lo que llamamos un vórtice no concluyente. Se llama no concluyente porque no hay ningún dispositivo al otro lado que lo anclase.

Si bien habían estabilizado el aspecto del tiempo de los portales, aún tenían que trabajar en el aspecto del espacio. Estabilizaron este aspecto de forma que no solo pudiesen colocar un portal en un periodo de tiempo específico sino, también en un espacio particular.

Una vez estabilizado el tiempo y llevado a cabo lo de arriba, despidieron a todos y despejaron la base entera salvo algunas personas clave. Yo permanece allí puesto que era el operador técnico y era esencial para el Proyecto. Duncan permaneció dado que era el psíquico que hacía posible la operación. Todo el sistema era sintonizado con él. Dos otros psíquicos fueron retenidos como reservas en caso de que Duncan fuese matado o discapacitado. Los directores de proyecto también permanecieron pero los militares se fueron. Un nuevo equipo entero fue traído para los trabajos corrientes de mantenimiento de la base.

Hasta ese punto todo el mundo operaba en base a una "necesidad de saber". La seguridad ya era muy estricta, pero requirieron medidas de seguridad aún más duras.

No querían que los militares supieran lo que ellos estaban haciendo con los experimentos en el tiempo. Pero todos sabían que algo extraño estaba pasando. Solo que no podían decir concretamente que era.

13
VIAJE A TRAVÉS DEL TIEMPO

Como la mayor parte de los técnicos se habían ido, trajeron un nuevo grupo de técnicos. No sé quiénes eran o que cualificaciones tenían, pero fueron nombrados el "Equipo Secreto". El proyecto fue lanzado de nuevo y hoy en día en ocasiones se denomina como "Phoenix III". Esto duró del febrero de 1981 hasta 1983.

Ahora el objetivo era Explorer el tiempo en sí. El grupo empezó a mirar hacia la historia pasada y hacia el futuro, simplemente haciendo reconocimiento. Seguían buscando por un ambiente hostil. A través del vórtice, podían coger pruebas de aire, suelo y todo lo demás sin que entrasen por el portal.

Los que habían viajado por el vórtice lo describieron como un túnel peculiar en espiral, todo iluminado hacia abajo. Como uno empezaba a caminar de repente se encontraría arrastrado por el vórtice. Estaría propulsado al otro cabo, normalmente a otro lugar (distinto de Montauk), o en función de la localización del trasmisor. Podría ser en cualquier parte del Universo.

El túnel se parecía a un sacacorchos con un efecto similar a las bombillas encendidas. Era un tipo de estructura en forma de flauta, es decir no un túnel recto. Se torcía y se turnaba hasta que salieras al otro cabo. Allí, te encontrabas a alguien o hacías algo. Regresabas después de finalizar la misión. El túnel se abría para ti y regresabas al lugar de donde partiste. No obstante, si la energía bajase durante la operación te quedarías perdido por el tiempo o abandonado por alguna parte del vórtice. Cuando alguien se perdía generalmente se debía a un fallo técnico en hiperespacio.* Y aunque muchos se perdieron los científicos no abandonaron la gente deliberada o descuidadamente.

Según Duncan, el túnel del tiempo servía también otra función. Al recorrer alrededor de dos tercios del túnel hacia abajo la energía de la persona abandona el cuerpo. Ella sentía un golpe fuerte acompañado por una tendencia de ver a una escala más grande. Informó que tenía una sensación de inteligencia elevada aparte de una experiencia fuera del cuerpo. Esto era denominado como un FULL OUT.** Los científicos intentaron manifestar lo mismo en Duncan. Posiblemente por experimentos de tipo "Ojo Vigilante" más profundos, o por otras razones.

Crear un túnel, agarrar a alguien de la calle y mandarlo abajo era rutina. La mayoría del tiempo esas personas eran alcohólicas o gente remisa cuya ausencia no levantaría furor. Si regresasen, harían un informe completo de lo que encontraron. Hacían que gran parte de los alcohólicos recobrasen la sobriedad por una semana antes de que entrasen por un portal, pero muchos no lograban regresar. Desconocemos el número de la gente que todavía corre por el tiempo, quién sabe dónde, cuándo o como.

A medida que el proyecto "Phoenix III" desarrollaba, los individuos elegidos en este respecto para la investigación estaban conectados a todo tipo de equipo de radio y de TV de modo que pudiesen informar al centro "en vivo". Cada individuo era escoltado por el portal, a veces a la fuerza. Las señales de radio y de TV viajaban por los portales y mientras las receptaban, los investigadores tenían grabaciones radio/video de lo que había experimentado el viajero.

* El hiperespacio se define como un espacio que excede los límites de las tres dimensiones.

** FULL OUT – (NT palabra intraducible: COMPLETAMENTE FUERA)

Los que estaban al mando del proyecto empezaron a jugar todo tipo de juegos, manipulando el pasado y el futuro. No sé decir con exactitud qué fue lo que hicieron porque yo era la persona encargada con apretar los botones.

Mi puesto estaba situado en el edificio del transmisor, y mi trabajo era asegurar el funcionamiento de todo. No tenía acceso a mucho de lo que pasaba, pero en un cierto punto sí me acuerdo que tenía una biblioteca extensa de videocasetes. Vi las grabaciones en sí aunque no me concedieron muchos privilegios con respecto a su visualización. De hecho, yo había diseñado y construido el visor (con la ayuda de tremendos recursos) así que tenía alguna idea de lo que estaba pasando. Mucho de lo que sabía venía de los propios informes de Duncan porque hasta ese punto nos habíamos hecho muy amigos. Finalmente, en una reunión nos informaron de que cada uno iba a coger caminos distintos. Mucho de mis recuerdos sobre él habían sido borrados.

Aparte de los alcohólicos, por alguna razón los investigadores también utilizaron niños. No sé exactamente cuál era el objetivo, pero había un niño en Montauk que salía fuera y traía otros niños para participar en el proyecto. Era como un rayo tractor. Vivía en la base de Montauk y se movía por allí con mucha eficacia. Había un montón de niños de este tipo por los alrededores del área metropolitana de New York que podrían desaparecerse por unas seis horas sin que nadie lo notase. Estaban entrenados específicamente para salir fuera y traer otros niños. Algunos regresaban a casa pero otros no. Los niños escogidos tenían entre 10 y 16 años, o tal vez 18 como máximo y 9 como mínimo. La mayoría estaba a punto de llegar a la pubertad, mientras otros acababan de salir de esa fase. Normalmente, eran altos, delgados y tenían ojos azules y cabello rubio. Encajaban en el estereotipo de la raza Aria. Por lo que me consta, no hubo niñas en el grupo.

Una investigación posterior demostró que Montauk tuvo una conexión NeoNazi y que a los Nazis el impulso aria todavía no les había abandonado. No se sabe a dónde se fueron los niños, para qué fueran educados o programados. Si regresaron o no sigue siendo un misterio. La única información disponible es que enviaban todos los nuevos reclutas en el futuro en el año 6037 A.D., siempre en el mismo punto, en el que parecía haber una ciudad muerta, en ruinas. Todo era estático, muy parecido a un estado de sueño. No había señales de vida. En el centro de la ciudad había una plaza con un caballo de oro en un pedestal. Había unas inscripciones en ese pedestal, y los reclutas fueron enviados allí para leer lo que decían. Cada recluta descifraba las inscripciones e informaba. A día de hoy seguimos sin saber que perseguían los investigadores. Puede que estaban intentando descubrir la misma respuesta viniendo de personas distintas. No lo sé. Duncan sugirió que el pedestal escondía algún tipo de tecnología y estaban enviando gente para ver si podrían percibir o sentir de que tecnología se trataba.

Otra persona que estaba involucrada en el proyecto dijo que el caballo estaba allí para comprobar los poderes de observación de los reclutas, y que también servía como punto de referencia. Los investigadores siempre preguntaban a los reclutas si habían visto a alguien por la ciudad. Cada uno aportaba su interpretación e informaba sobre lo que había observado.

Sé que muchas personas fueron empujadas en alguna parte en el futuro, posiblemente 200 o 300 años en el futuro. Las estimaciones varían entre tres y diez miles de personas que al final fueron abandonadas. Desconocemos por complete el objetivo.

Ya os he dicho que no sé exactamente que hicieron con el tiempo. No estuve allí, pero sé que tuvo que ver mucho con la Primera y la Segunda Guerra Mundial. Monitorizaron esos tiempos y tomaron fotos. Sabían exactamente lo que estaban haciendo. De hecho, podrían proyectar un vórtice secundario para observar lo que estaba ocurriendo. Esta función la llamamos el ojo vigilante. El vórtice original tenía tal tamaño que podía permitir el paso de un camión. Pero el vórtice secundario era de naturaleza energético, es decir no tenía solidez material. No obstante, se podían hacer transmisiones a través de él. Utilizando la conjugación de fase a través del programa elaborado del ordenador, la historia pasada y la historia futura se podían transmitir por el portal y ver en la televisión.

14

MISIÓN EN EL PLANETA MARTE

Los investigadores del proyecto continuaron haciendo exploraciones en el tiempo. No fue hasta finales de 1981 o 1982 cuando de hecho se utilizó por primera vez la tecnología para conseguir entrada en el área subterráneo de la gran pirámide del planeta Marte.

Como este material será controversial para muchos del público general, trataré de ofrecer unos antecedentes.

Actualmente está circulando una grabación intitulada "Misión en el Planeta Marte". Esta es una presentación para los científicos de NASA realizada por el periodista científico, Richard Hoagland, relacionada con la estructura tetraédrica asociada con la "Figura del Planeta Marte". En este video, Hoagland enseña la "figura" y las pirámides cercanos que fueron fotografiados por la nave espacial Viking en los ´70. Se emplearon técnicas computarizadas de proyección que ofrecen un "vuelo de reconocimiento" de 360 grados de la "figura". Este video también proporciona una vista de cerca de l as pirámides.

Hoagland está intentando convencer a la NASA de tomar más fotos de esta área, hoy en día conocida por Cydonia. La NASA resulta ser difícil de convencer y ha minimizado la importancia del trabajo de Hoagland. De hecho, se lanzó un gran esfuerzo para prohibir la transmisión del video en los puestos públicos de televisión. La historia de este escándalo fue difundida por el puesto de radio neoyorquino WABC.

¿Por cual razón asumiría la NASA tal posición sobre un tema tan fascinant?

Probablemente la respuesta sea explicada en un libro intitulado *Alternativa 3* por Leslie Watkins en colaboración con David Ambrose y Christopher Miles.* Este libro se basa en un video de 1977 que reveló un programa espacial secreto dirigido por una conspiración internacional que implicó tanto a Rusia como a los Estados Unidos. Es un relato fascinante que entre otros, trata sobre astronautas quebrantando las normas de seguridad, científicos desaparecidos, asesinato, y establecimiento de colonias de esclavos en la luna y en Marte. El libro afirma que en realidad los humanos aterrizaron en Marte tan temprano como en 1962.

No es mi objetivo demonstrar que existe o que hubo una colonia en Marte. He incluido esta información para que el lector entienda que hay un escenario entero en relación a Marte que es separado de mi historia. Los interesados pueden investigar por sí mismo la "Misión en el planeta Marte" o la *Alternativa 3*. Sin embargo, es interesante mencionar que sobre los finales de 1970 el documentario intitulado *Alternativa 3* fue difundido en un puesto de televisión de San Francisco. Desde ese momento se ha ido proliferando el rumor de que la FCC amenazó al puesto con retirarle la licencia de transmisión si lo volviese a ver en su programa. No han vuelto a transmitirlo.

Los directores del Proyecto de Montauk sabían que había una colonia en Marte. Es muy probable que ellos hayan sido una parte de la conspiración.

Marte era interesante para los investigadores de Montauk porque se habían dado cuenta de que allí había una

* El libro *Alternativa* 3 fue publicado inicialmente en el Regato Unido. La primera publicación en los Estados Unidos fue en 1979 por Avon Books, una División de Hearst Corporation, 959 Eighth Avenue, New York, New York, 10019.

tecnología antigua. Sabían que alguien había construido las pirámides y la figura de Marte. Estos no eran formaciones naturales.

De acuerdo a la información que mis socios y yo hemos descubierto, la gente que vivía en la superficie en Marte no podía llegar al área subterráneo debajo de la pirámide. Las entradas estabas selladas o simplemente eran imposibles de encontrar. De hecho, parecía que la gran pirámide estaba sellada mejor que la pirámide de Giza. A pesar de la tecnología cara y extravagante, no pudieron conseguir acceso a la pirámide.

Los científicos de Montauk decidieron que el mejor enfoque seria proyectar justo en el centro del área subterráneo de Marte. La nueva tecnología descubierta de Montauk les proporcionó los recursos necesarios para utilizar una distorsión del espacio-tiempo para entrar. Querían entrar en las cavernas subterráneas. Se consideraban haber sido construidas y gestionadas por una civilización muy antigua.

El portal de tiempo eliminó el riesgo de la operación puesto que pudimos mirar por él. Teníamos un equipo con monitores de TV de forma que todo lo que Duncan visualizaba aparecia en los monitores. Esto proveyó una vista del tiempo presente en el planeta Marte. Para encontrar el área subterráneo seguimos moviendo el cabo abierto del vórtice hasta que apareció un corredor. En ese punto le dijimos a Duncan que consolidase el portal. Entonces el equipo visitante pudo caminar de Montauk a Marte y llegar al área subterráneo.

En aquel entonces, Duncan ya no era obligado a estar en la silla continuamente. Habíamos aprendido hacer que Duncan generase funciones que luego el ordenador almacenase y volviese a alimentar de manera continua. Generalmente, el ordenador podía mantener el transmisor en operación por una duración breve de tiempo y tenía suficiente memoria para modificar el flujo de tiempo durante alrededor de cuatro horas. Si Duncan no regresase antes de ese plazo las formas de pensamiento generadas abandonarían la realidad. En ese caso, las formas de pensamiento se tenían que reconstruir desde cero.

Sin duda, el sistema requería un ser humano al inicio de la operación. Este creaba los portales de tiempo y los mantenía abiertos mediante concentración. Una vez realizada la apertura, podíamos grabar lo que el ser humano estaba generando. Después, la grabación podía ser utilizada por sí sola para crear otra apertura.

Han ido mejorando y perfeccionando el sistema continuamente. Si Duncan hacia una conexión de tempo una sola vez, esta se grababa en una cinta. Dado que a veces tenía dificultades en conectarse, la cinta lo hacía más fácil y automáticamente. Al final, acumularon una biblioteca entera y de esta forma no tenían que contar con Duncan. Fue precisamente este desarrollo que al final le permitió a Duncan mismo hacer viajes por los vórtices. Esto ocurrió en 1982 y en 1983. Finalmente, fue seleccionado para formar parte del grupo que fue enviado a Marte.

Utilizando los portales de tiempo, Marte ha sido rastreado en busca de habitantes vivos. Los investigadores tuvieron que retrasar alrededor de 125,000 años antes de que descubriesen algunos. No sé qué fue lo que encontraron o lo que hicieron con la información. Duncan ha intentado acceder a esta información pero ha sido enterrada y resulta difícil contactarla.

Mi opinión personal es que la pirámide de Marte sirve como antena. Probablemente existe tecnología en el interior de la pirámide. Según los recuerdos de Duncan, él consiguió acceso en el interior de la pirámide. Vio cómo se operaba la tecnología allí y la llamó la "Defensa del Sistema Solar". Conforme a su relato, los investigadores de Montauk querían dejar esa tecnología inoperativa. Tenía que ser así antes de que pudiesen hacer otras cosas. Esa defensa fue cerrada con retroactividad a 1943, generalmente considerado entre los aficionados a Ovnis como el inicio de un fenómeno OVNI masivo.

No hay mucho más que puedo decir sobre Marte en este punto salvo que la película *Total Recall** se basa de forma imaginativa en algunos de los eventos que ocurrieron con el proyecto Montauk. La manera en la que utilizaron la silla en esa película es sorprendentemente similar.

La investigación del tiempo continuó e innumerables misiones se gestionaron hasta el 12 de Agosto de 1983. Esa fue la fecha en la que se hizo el acoplamiento real en el pasado hacia 1943 y 1963.

---

* El título de la película fue traducido como *Desafío Total* en España, y *El Vengador del Futuro* en América Latina.

15
ENCUENTRO CON EL MONSTRUO

El 5 de Agosto de 1983, nos dieron una directiva de operar el transmisor sin parar – simplemente encenderlo y dejarlo funcionar continuamente. Seguimos las ordenes pero nada fuera de lo común pasó hasta 12 de Agosto. Algo extraño ocurrió ese día. De repente, pareció que el equipo empezó a estar sintonizado con algo distinto. No sabíamos a que función estaba conectado entonces el sistema, pero en ese momento la *USS Eldridge* (la nave utilizada para el Experimento Filadelfia) apareció por el portal. Nos habíamos acoplado a la nave *Eldridge*.

No estoy seguro si fue un simple accidente, pero si los investigadores de Montauk estuviesen procurando conectarse con *Eldridge*, el intento se tendría que haber realizar en esa fecha concreta. Esto se debe al biorritmo de 20 años del planeta Tierra (que fue descubierto en el desarrollo de esos experimentos) y a que el experimento *Eldridge* tuvo lugar el día 12 de Agosto de 1943.

En ese momento, apareció Duncan de 1943 y pudo ser visto por el portal junto con su propio hermano. Ambos eran miembros de la nave *USS Eldridge*. Impedimos que Duncan de 1983 se encontrase con sí mismo para evitar un paradojo de tiempo y los efectos resultantes negativos.

El proyecto había alcanzado ya proporciones apocalípticas. Las leyes naturales habían sido rotas, y parecía que todo el mundo implicado se sentía incómodo. Tres de mis compañeros y yo habíamos expresado en privado nuestros recelos sobre el proyecto durante unos cuantos meses.

Habíamos hablado de los inconvenientes de trat rumpido.

Por consiguiente, nuestra pequeña cábala creó un programa de contingencia que solo Duncan podría activar. Fue diseñado para colapsar el proyecto entero.

Por fin, habíamos decidido que habíamos tenido suficiente con todo el experimento. El programa de contingencia fue activado por alguien que se acercó a Duncan que estaba sentado en la silla, y simplemente le susurró, "Ahora es el momento."

En ese punto, soltó de su subconsciente un monstruo, y el transmisor realmente representó un monstruo peludo. El monstruo era grande, peludo, hambriento y desagradable. Pero no apareció en subterráneo, en el punto nulo. Se materializó en algún lugar de la base. Comía todo lo que encontraba, y destrozaba todo en su camino. Varias personas distintas lo vieron pero casi todas describieron un monstruo distinto. Tenía sea 9 pies de altura o 30 pies, en función de la persona que lo había visto. Personalmente creo que tenía alrededor de 9 o 10 pies de altura. El miedo produce reacciones extrañas en la gente, y nadie era seguro de cuál era la constitución física exacta de este monstruo. Nadie tenía el estado mental adecuado para analizar tranquila y conjuntamente su naturaleza exacta.

Mi supervisión nos había ordenado apagar los generadores para impedir el fenómeno que estaba pasando, fuese cual fuese. Eso no resultó útil, así que decidieron tener que poner fin a todo ello.

Decidieron apagar el transmisor. Se hacían dos esfuerzos en ese sentido. Uno era mandar a alguien de regreso y apagar los transmisores de *Eldridge*. Estos se tenían que destrozar si hiciese falta para apagarlos.

El otro esfuerzo estaba en mis manos y las del director del proyecto. Intentamos desconectar el transmisor de Montauk pero no tuvimos éxito. Después nos fuimos a la planta generadora y desconectamos la base de la compañía Long Island Lighting Company. La electricidad siguió funcionando y nada paró.

No estábamos preocupados por las luces. Solo queríamos parar el transmisor. Decidimos que el mejor próximo paso sería ir a la planta generadora y cortar los cables que llevaban desde los transformadores grandes al suelo. Coloque un soplete de acetileno en mis espaldas y corté los cables conduciendo al suelo. Tenía que hacerlo con cuidado porque los cables estaban calientes. Sin embargo, eso no produjo ningún cambio. Las luces siguieron funcionando.

Me imaginé que tenía que haber alguna otra fuente de electricidad por alguna parte. Nos fuimos a la estación del transformador al lado del edificio del transmisor y cortamos los cables que salían del suelo. En ese momento las luces de la base se apagaron y el ordenador paró. Pero las luces del edificio del transmisor seguían encendidas!

Entramos al edificio y arrancamos los cables del panel que controlaba el transmisor. Después, loscables del mismo transmisor. Las luces del edificio se apagaron, pero el transmisor continuó funcionando.

Entonces subí las escaleras al siguiente piso y realmente corté el equipo entero. Corté la canaleta de cables. Corté los armarios. Finalmente, corté suficientemente de todo lo que había allí hasta que el transmisor simplemente chirrió y paró. Todas las luces se apagaron. Lo había conseguido. A día de hoy todavía se pueden ver las marcas de la antorcha en el área con la que había cortado todo.

Fue en ese momento cuando el monstruo se quedó parado y se desvaneció en el éter. El portal se cerró y ese fue el final de ese episodio.

Después de haber parado el transmisor y se calmaron las cosas, nos dimos cuenta de lo que había pasado. La primera vez cuando accionamos los interruptores en la central eléctrica ninguna de las luces de la base se apagó. No había suministro de electricidad en la base. Cuando corté los cables que daban al edificio del transmisor el resto de la base se quedó sin electricidad, inclusive los ordenadores. Sin embargo, los transmisores funcionaron sin los ordenadores.

El sistema había entrado en un modo de energía libre. Los dos sistemas (i.e. los dos generadores – uno de 1943 a bordo de *Eldridge*, uno de 1983 en Montauk) estaban encerrados juntos. Había una cantidad enorme de energía rebotando entre los generadores. Con tanta energía entre medio, todos los circuitos eléctricos que estaban conectados permanecieron activos. Las luces permanecieron encendidas.

Lo que era aún más importante es que los generadores establecieron una conexión de 1983 a 1943. A través de la energía rebotando entre los dos periodos de tiempo se creó un vórtice muy potente. Esto sirvió como ancla. Utilizando ese vórtice, se podría proyectar un túnel del tiempo a un punto específico en el tiempo.

Por ejemplo, si uno quisiera ir de 1983 a 1993, el vórtice de 1983 a 1943 tuviera que funcionar primero para servir como ancla. La proyección a 1993 (o cualquier otro punto elegido en el tiempo) saldría al extremo del vórtice de 1983.

Si uno quisiera ir a 1923, habría que proyectar a través del extremo del vórtice de 1943. Los periodos entre 1943 y 1983 se podían alcanzar yendo a través de cualquier extremo del vórtice. Se accedió a tiempos posteriores a 1963 a través de 1983, y a tiempos anteriores a 1963 vía 1943.

Esto no significa que todos los viajes a través del tiempo se tendrían que hacer de esta forma (usando el vórtice master de 1943 a 1983). Durante esos experimentos, no se encontró ningún generador en el pasado o en el futuro con el que se hiciese la todos conexión y se estableciese un vórtice de ese tipo. Había, por supuesto, un montón de generadores por los lados, pero se tenía que realizar una buena conexión. Dicha conexión requería un "efecto de testigo".

La palabra "testigo" es una frase oculta. Como sustantivo, se refiere a un objeto que está conectado o relacionado con algo o con alguien. Por ejemplo, un mechón de cabello o una foto podría server como testigo. Como verbo, "ser testigo/atestiguar" significa utilizar un objeto para entrar en la conciencia de una persona o, de otra manera, ejercer un efecto sobre ella.

Un ejemplo de "efecto de testigo" seria que alguien cogiese un mechón de cabello y lo emplease con una poción de amor, y que el/la dueño/a del mechón se enamorase.

En el proyecto Montauk, hubo tres "efectos de testigo". Se podrían considerar como tres distintos niveles de testigo.

El primer nivel constaba de personas físicas que de hecho se encontraban a bordo de *USS Eldridge*. Todos los miembros sobrevivientes de la tripulación que pudieron encontrar fueron llevados a Montauk para el experimento de 1983. Esto también incluyó personal que fueron considerados reencarnaciones del experiment de Philadelphia. Duncan y Al Bielek estaban ambos allí, y eran dos de los testigos principales.

El segundo nivel de testigo tenía que ver con la tecnología. El generador de referencia de tiempo cero (referido anteriormente como el molinete) utilizado a bordo de *Eldridge* fue empleado también en Montauk. Cuando *Eldridge* finalmente fue retirado del servicio en 1946, el molinete fue almacenado. Finalmente, lo trajeron a Montauk y lo incorporaron en el sistema de allí. Aparte del molinete, había dos transceptores* de radio muy extraños que conectaban los dos proyectos. Estos eran transmisores "a través del tiempo".

* Pude adquirir una parte de los transceptores que fueron utilizados en los experimentos. Hasta la fecha, no entiendo completamente su mecanismo o función. Es imposible obtener cualquier libro o manuales sobre el tema. La única posibilidad de conseguir información sobre estos transceptores es preguntar a las personas que los han (ontinuacion en la pagina siguientehe)

Podrían transmitir a través del tiempo, y utilizaron esto para vincular los dos proyectos.

El tercero nivel de testigo era el biorritmo planetario. La frase "biorritmo" es esotérica y se refiere a canales de orden superior que rigen la vida en un organismo. Los biorritmos son un resultado de la resonancia en base a la cual opera la naturaleza. En los humanos, los procesos de dormir y comer se considerarían biorritmos. Hay, por supuesto, muchos biorritmos sutiles que se podrían estudiar, ad infinitum. Cuando miras la Tierra como un organismo, esto también implica biorritmos. Las estaciones y el giro diario del planeta implicarían biorritmos. Los científicos de Montauk estudiaron exhaustivamente los biorritmos de la Tierra y el modo en el que estos relacionaban con el universo entero. Descubrieron que había un gran biorritmo planetario que llegaba a la cima cada veinte años.

El experimento de Philadelphia ocurrió en 1943. Aunque el año 1983 fue cuarenta años más tarde, representó múltiplo de veinte y sirvió como un testigo muy fuerte. Dio la posibilidad de que los dos proyectos vinculasen. Debería mencionar también que es totalmente posible que el vínculo se haya realizado sin el efecto de testigo, no obstante su aplicación resultó ser de gran ayuda para el proyecto.

El lector debería tener ahora una idea sobre las teorías y practicas generales utilizados en Montauk.

Después de los eventos raros del 12 de Agosto de 1983, la base de Montauk fue prácticamente vaciada. La electricidad fue restablecida, pero dejaron las luces y todo lo demás en desbandada. Finalmente reunieron gran parte del personal, lo informaron y le lavaron el cerebro correspondientemente.

(continuacion de la pagina anterior) obtenido hasta el momento es que eran unos dispositivos de naturaleza sumamente confidencial. La gente con la que hablé sabía que eran para aviones furtivos, pero no sabían exactamente para qué.

EDIFICIO DEVASTADO

De acuerdo a la leyenda, este es el edificio que demolió el monstruo. Está hacia el sur de la base principal.

EDIFICIO DEVASTADO

Esta foto fue hecha en 1986, mucho después de que el Proyecto Montauk alcanzase el nivel más alto. Parecía un monstruo gigante, pero no había ningún monstruo cuando tomaron la foto. Esto sería parecido a un fenómeno de tipo fantasma, que supondría una explicación más natural. La estructura es un búnker subterráneo. Tiene alrededor de veinte pies de altura.

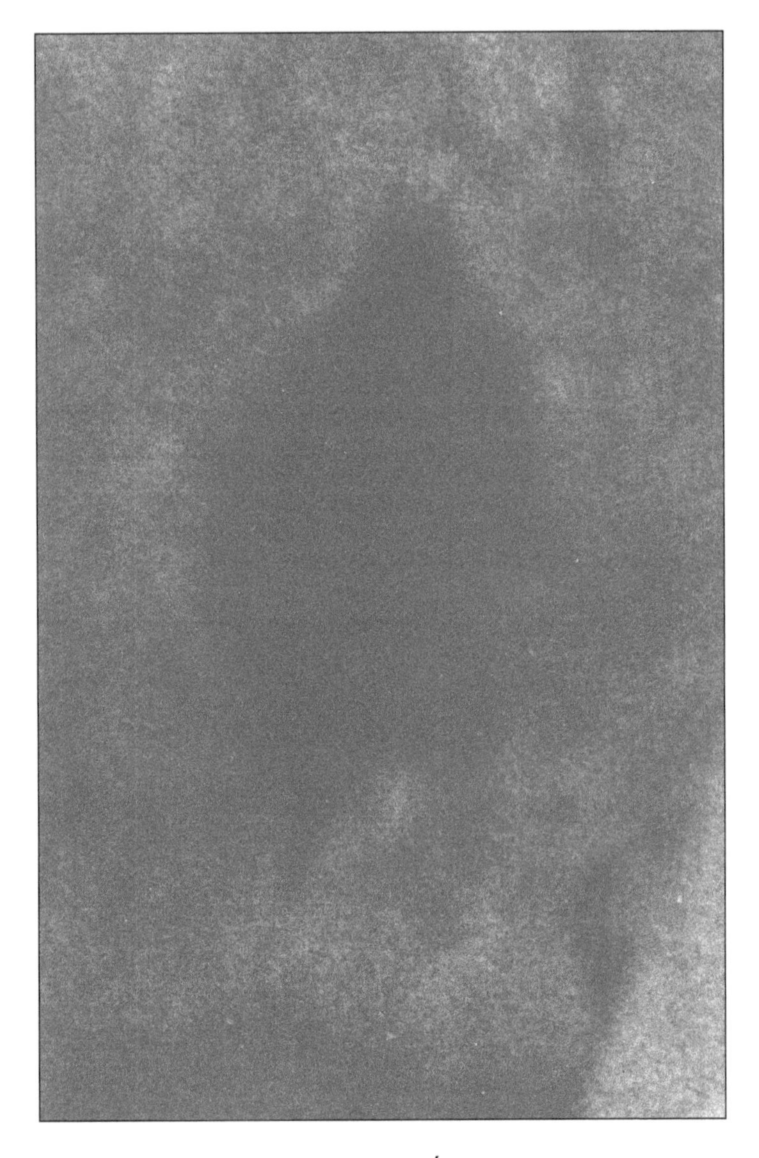

AMPLIACIÓN

Una ampliación de la fotografía de la página anterior. La impresión original, vista con una lupa, muestra lo que parece ser un hocico, ojos y boca. Desafortunadamente, fue una fotografía muylejana por lo que la ampliación no es de buena calidad.

16
LA NATURALEZA DEL TIEMPO

Este libro levantará muchas preguntas, especialmente sobre la naturaleza del tiempo en sí. De mi experiencia en hablar con grupos de personas, intentaré aclarar algunos aspectos que muchas veces confunden a la gente.

Primero, el pasado y el futuro se pueden cambiar.

Seria de ayuda pensar en el concepto del tablero de ajedrez. En ajedrez, podría haber treinta movimientos durante un juego. Cada uno de esos movimientos creará una estructura diferente en el tablero. Si uno quisiera "volver atrás en el tiempo" y cambiar un movimiento que hubiera hecho, como resultado cambiarían todas las demás estructuras del tablero posteriores a ese cambio.

El tiempo puede ser considerado como un pulso hipnótico que todos hemos aceptado a nivel subconsciente y al que todos estamos sujetos. Cuando alguien es capaz de manipular un cambio en el tiempo también está manipulando nuestras consideraciones y experiencias subconscientes. Por consiguiente, si hubiera un cambio en el tiempo ese podría pasar desapercibido.

Este escenario supone que somos meramente unas fichas en un tablero grande de ajedrez. Hasta cierto grado esto es verdad. Por ejemplo, los generales retirados del servicio se quejan muchas veces de que han sido los peones de los banqueros internacionales. Es un comentario exagerado, pero puede que no habría guerras si los generales fuesen informados de las maquinaciones reales detrás de las políticas internacionales.

Tenemos también el ejemplo de la epopeya Ilíada de Homero que cuenta la historia de la Guerra de Troya. De acuerdo a la leyenda, los dioses manipularon los personajes de la Tierra como en un tablero de ajedrez. La historia está llena de intriga entre los mortales y los dioses. Las tramas llegan a ser tan complejas y condensadas que a veces parece que Homero está intentando proporcionarnos una visión micro cósmica del universo entero.

En cualquier caso, todos somos actores en el juego conocido como "tiempo". La manera más obvia de proteger los intereses de uno es ganar conocimientos sobre el propio tiempo. Si uno lo quiere hacer por la dedicación a la meditación, o a la astrofísica, es un asunto totalmente personal.

En Montauk, los científicos también vieron el futuro. Los videntes que tuvieron les dieron la posibilidad de mirar múltiples futuros. Después de haber elegido un escenario particular y haberlo activado a través de alguien o algo que haya viajado allí, ese futuro quedaría establecido. Ese punto estaría vinculado al tiempo de donde se había hecho la conexión. Eso crearía un bucle fijo.

Por ejemplo, digamos que se visualizaron muchos futuros con personas distintas llegando a ocupar la función de presidentes. Supongamos que los investigadores hayan elegido el futuro con "Sam Jones" como presidente por la razón que sea. Vinculando a una persona o un objeto del presente acoplaría el escenario del Presidente Sam Jones sí o sí. Sin embargo, nada de esto significa que un escenario fijado en un c ierto punto no podría ser modificado más adelante por los investigadores haciendo más manipulaciones.

Al momento de redactar este texto, estamos actualmente en un bucle temporal. Este bucle va desde el momento en el que los investigadores de Montauk penetraron en el pasado hasta el momento en el que penetraron en el futuro. Es fijo y se parecería inalterable. Sn embargo, esto no quiere decir que seamos todos relegados a ser esclavos sin escapatoria de los manipuladores del tiempo. El subconsciente tiene sus niveles automáticos o hipnóticos, pero también contiene las semillas de la libertad: los sueños. Si uno puede soñar con algo ese algo se puede convertir en realidad.

Es muy fácil ponerse filosófico sobre todo esto y perderse en el proceso. Lo que quiero poner de manifiesto con este libro es que ha habido manipulación del tiempo. Eso también explotó la gente y causó un enorme sufrimiento. Fácilmente podría considerarse maniobra de las fuerzas oscuras.

Permanece todavía una cuestión importante. ¿Quien fue realmente detrás del Proyecto Montauk? Hay muchas intrigas y escenarios innumerables que uno puede imaginar. Las personas religiosas pueden referirse a Dios y al Diablo. Los aficionados a las OVNIS pueden ofrecer un gran plan de los extraterrestres que se están disputando nuestro sistema solar. Los de izquierda ofrecerán explicaciones concerniendo la CIA y el gobierno secreto.

Pienso que todo lo anterior puede traer luz sobre lo que en realidad pasó en Montauk. También es mi esperanza que este libro dirija más gente fuera de la oscuridad. De este modo, podremos tener más respuestas y menos misterio.

PUNTO DE CRUCE PLANETARIO

Una rotonda en la Base de las Fuerza Aéreas de Montauk. A la izquierda hay un muro fronterizo y a la derecha un internado. Dentro de la rotonda hay un punto de cruce de rejilla planetaria. Normalmente, una rejilla se refiere a una red de líneas horizontales y perpendiculares uniformemente representadas. En estudios esotéricos, la rejilla se refiere a un patrón geométrico inteligente. Teóricamente, la Tierra y sus energías son organizadas en base a este sistema. Si se explotasen adecuadamente, esas rejillas podrían suministrar energía libre al mundo entero. Desde la Primera Guerra Mundial, la mayoría de las bases militares tiene este tipo de punto de cruce, que generalmente viene indicado por un circulo alrededor de él.

17
LA BASE DE MONTAUK ESTÁ SELLADA

Después de los eventos de 12 de Agosto de 1983, la Base de las Fuerzas Aéreas de Montauk fue abandonada. Hasta finales del mismo no existe ninguna información de que alguien haya estado en la base.

En Mayo o Junio de 1984, una unidad especializada de las "Boinas Negras" fue enviada a la base. Creo que formaban parte de la Infantería Marina pero no estoy totalmente seguro. Supuestamente fueron ordenados a disparar todo lo que moviera. Su objetivo era eliminar a cualquiera que estuviesepor la base.

Hubo un segundo equipo que vino después de las Boinas Negras. Retiraron el equipo secreto que consideraron demasiado delicado para dejar atrás.

El siguiente paso fue preparar el área subterránea para sellar. En ese punto ciertas pruebas incriminatorias fueron extraídas. He oído que cientos de esqueletos fueron removidos durante ese proceso.

Seis meses después, una caravana de mezcladoras de cemento apareció en la base. Muchas personas vieron esos camiones. Llenaron de cemento las amplias áreas subterráneas de Montauk. Eso incluyo también verter cemento por los agujeros del ascensor.

Las puertas fueron cerradas y la base fue abandonada para siempre.

18
MONTAUK EN LA ACTUALIDAD

Si uno viajase al Punto Montauk en la actualidad y aparcase en la zona de estacionamiento cerca del faro, podría obtener una buena vista del gigante reflector radar instalado encima del edificio del transmisor.

Para aquellos que sean sea valientes o insensatos, pueden seguir los senderos de tierra que conducen a la base. La mayoría de las puertas han sido curvadas o vanalizadas de una forma, así que es fácil conseguir entrada. Eso lo hicieron probablemente los menores que a veces se emborrachan y hacen fiestas de cerveza en la base. Sin embargo, pasar por la base está prohibido por los guarda parques del estado de Nueva York que patrullan la zona periodicamente.* Hay también edificios ocupados en las calles principales hacia la base.

Cabe señalar que no estoy escribiendo esta información para atraer gente a la base. Este libro va a levantar la curiosidad de las personas y es mi responsabilidad advertirlas. No estoy totalmente seguro de las sutilezas jurídicas pero probablemente el acceso a la base es ilegal. Uno va bajo su propia cuenta y riesgo.

Hay también otros peligros que hay que considerar.

Dos personas que conozco y que participaron en el

* La totalidad de la zona de Fort Hero, inclusive la Base interior de Montauk ha sido donada desde ese momento al estado de Nueva York como parque. Aunque hay arreglos politicos peculiares relacionados con la base hasta el dia de hoy, los guardaparques no tienen limites en lo que concierne mantener a la gente fuera del recinte. Los edificios se encuentran en estado de deterioro y son potencialmente peligrosas para los que salen a darse un paseo normal y corriente.

Proyecto Montauk visitaron la zona a los finales de los ochenta. Alegaron que fueron secuestrados pero no se acuerdan completamente que les pasó.

En Agosto de 1991 otra persona informó que se podían ver cámaras video en la parte superior del edificio transmisor. Esta es una novedad y es bastante raro considerando que es una instalación vacía y abandonada.

Hay también informes de que las zonas subterráneas de la base se están reabriendo. Esto es una especulación, pero debería servir como advertencia para cualquiera que hiciese planes de viaje a Montauk.

19

¡VON NEUMANN ESTÁ VIVO!

Después de finalizar el primer borrador de este libro, un nuevo acontecimiento tuvo lugar. Tiene que ver con eventos que empezaron años atrás pero apenas encontraron el final recientemente.

Esto incumbe a John von Neumann y corrobora la teoría de que él no murió en 1958 como se cree generalmente.

En 1983, me contactó un amigo mío del norte de Nueva York al que me referiré como Klark. Sabía que estaba interesado en equipo de comunicación y me contó sobre un distribuidor de excedentes de viejos tiempos al que le llamaré Dr. Rinehart.* Rinehart era una leyenda en la comunidad local de excedentes.

Klark dijo que el hombre tenía una colección antigua de equipo que databa desde 1930 y 1940. Fue programada una cita con Dr. Rinehart con el pretexto de que estaba interesado en comprar. Klark hizo las presentaciones, y Rinehart me presentó su colección en bandeja de plata. Quería vender sinceramente, pero a mí el precio me pareció demasiado alto. Gran parte del equipo era basura y hubiera costado el mismo precio para tirarlo.

Consideré que sus precios eran exorbitantes y pensé que tal vez estuviese un poco mal de la cabeza. Aparentemente, se puso incluso peor después de haberme conocido. Klark le hizo una visita por su cuenta y fue recibido en la puerta con un arma.

* Dr. Rinehart es un pseudónimo utilizado para proteger la privacidad de esta persona.

Rinehart apuntó el arma y le dijo a Klark que no quería ver al bastardo de Preston en su propiedad. No quería ver a Klark, Preston o cualquiera de sus amigos en la propiedad. Dijo que les dispararía si se mostrasen por allí.

Klark intentó calmarle y le preguntó a que se debía todo aquello. No tenía idea de porque estaba tan enfadado ese hombre. Rinehart dijo que Preston había regresado y le había robado la noche en la que Klark estuvo allí la última vez.

Parece ser que alguien había ido a la casa de ese tipo, le había atado a la silla, había saqueado la casa y le había robado dinero. Seguramente no fui yo, y tanto Klark como yo estábamos confundidos. Pasaron unos añosaños, y yo ya había descartado de la mente las circunstancias misteriosas relacionadas con Dr. Rinehart.

A medida que recuperaba mi memoria del Proyecto de Montauk, de repente reconocí al Dr. Rinehart. De hecho él era John Eric von Neumann, ¡el cerebro detrás del experimento de Philadelphia Experiment y del Proyecto de Montauk!

Muchos años atrás, probablemente se remonte a 1958, von Neumann había sido asignado al programa de "reubicación de testigo". Le dieron una nueva identidad como Dr. Rinehart y adoptó un nuevo papel como distribuidor de excedentes del norte del estado. También permaneció de guardia al servicio de las autoridades que estaban al mando de los Proyectos de Phoenix y Montauk, y trabajaba para ellos siempre que lo necesitasen. A veces, durante meses enteros.

Este hombre no solo se parecía a von Neumann, sino sus doctorados en física y matemática colgaban en la pared, y eran de Alemania. A pesar de eso, alegaba nunca haber estado fuera de los Estados Unidos.

También era evidente que las facultades mentales y memoria de ese hombre habían sido manipuladas.

Me había consultado con Al Bielek, y concluimos que mi presencia en la casa de von Neumann fue demasiado para él. Se había acordado de mi de Montauk y probablemente eso lo asustó y le hizo volver loco.

Todo esto es fascinante en sí, pero mi interés principal era en un receptor peculiar que tenía. Es conocido como receptor FRR 24. Lo había observado en mi primera visita y todavía estaba allí. No tenía intención de volver a ir a su casa considerando sus amenazas, pero mandé gente, y me dijeron que el receptor todavía se encontraba allí.

Al también se acordó de von Neumann y quiso hacerle una visita. De hecho, von Neumann en calidad de Dr. Rinehart le había tomado cierto cariño a Al. Con la esperanza de obtener su receptor, le llevé a Al en coche a la casa de Rinehart, al norte.

No sabíamos exactamente como plantearle el tema del receptor. Pensamos en que me presentase llevando un disfraz pero consideramos que sería más fácil que Al comprase los receptores por mí.

Al salió del coche y le saludó. Yo permanece en coche con la esperanza de que me iba a ignorar. Empezó a llover así que Rinehart le dijo a Al que deberían ir al remolque al otro lado de la propiedad. Allí guardaba los equipos. Rinehart pasó justo por mi coche y me miró fijamente a la cara. Era muy amable y dijo que yo también debería acompañarles. Aparentemente, Rinehart no me reconoció. Les seguí al remolque como si nada hubiera pasado entre nosotros.

Al entabló una conversación con el tipo, y yo simplemente escuchaba. Von Neumann no se manifestó. Permaneció en la identidad de "Dr. Rinehart" mientras hablaba con nosotros.

Cuando terminó de hablar le dije a Rinehart que había oído que tenía un equipo de receptores muy grande en el que cada receptor encajaba perfectamente en un bastidor.

Respondió "¡Ah, eso! Quería guardarlo. Pero qué más da, no lo voy a volver a utilizar nunca. Ni siquiera puedo moverlo. Lo voy a guardar o lo voy a vender."

Le pregunté cuanto quería por él, y dijo que me lo vendería por mil dólares. Le contesté que Al y yo no podríamos permitirnos esa cantidad, así que nos sugirió un intercambio.

Al me pidió que hiciese una oferta así que ofrecí 600 $ por cuatro racks de los receptores. Nos dijo que era un poco menos de lo que quería y que se lo tenía que pensar. Partimos en buenas relaciones y regresamos a casa.

Otra cita fue programada un tiempo después. Dijo que quería un equipo hi-fi y estaba dispuesto a hacer un intercambio. Obtuvimos cierto material hi-fi y volvimos a verle. Lo miró y prácticamente tenía lágrimas en los ojos. Estaba emocionado de ver el material y de hecho se acordó de las personas quienes diseñaron mucho de él.

Se disculpó y nos dijo que en realidad no podía utilizar nada del material. Quería dinero en efectivo. Dijo que si vendiésemos el material, podríamos regresar y comprar los receptores con dinero.

Transportamos todo de vuelta a Long Island de nuevo. Estaba frustrado pero no tenía la intención de renunciar. Hice algunas llamadas y me enteré de que podría vender el material. Valoraba 750$ para otros distribuidores, y lo vendí inmediatamente.

Quería comprar sus receptores muy rápidamente puesto que empezaba a hacerse conocido de nuevo entre los coleccionistas nacionales. Estos me los sacarían de las manos si no actuase pronto.

Llevé los 800$ y me fui a ver al Dr. Rinehart otra vez. Había traído conmigo a unos amigos para que me ayudasen a mover el equipo. Afortunadamente, hacia un día claro, y el tiempo no iba a interferir con nuestros planes.

Dr. Rinehart salió de la casa y tenía muy buena disposición. Le enseñe unos 750$, pero me dijo que no quería el dinero hasta asegurarse de que estaba satisfecho de los receptores. Nos dio una vuelta por el lugar. Luego fuimos a ver los receptores y me tomó por sorpresa. Tenía cuatro bastidores de los equipos, y yo me había acordado de uno solo. Estaba dispuesto a vendérmelos por mi oferta de 750$, lo cual era más que razonable por su parte. Me pareció muy agradable. De hecho, estaba un poco desconcertado. Inicialmente, me había pedido 1,200$ lo cual significaba 4,800$ por el sistema entero. Ahora, siete años más tarde, y aceptaba 750$. Mi opinión es que por alguna razón quiso que yo los tuviera. Sigo preguntándome que fue lo que pasó exactamente.

Como husmeaba por allí y miraba los receptores, los dos amigos que estaban conmigo fueron al gallinero ya que allí había sido almacenado un equipo eléctrico occidental que les despertó el interés. Dr. Rinehart estaba sentado en una silla muy cerca de los receptores. De repente me di cuenta de que ya no estaba en el papel de Rinehart. ¡Era John von Neumann! Se acordó su verdadera identidad y empezó a hablar.

Definitivamente, se acordó de mí y me contó cosas delicadas que me comprometí a guardar en secreto. También me dijo que durante todo ese tiempo había visto millones de dólares depositados en cuentas bancarias secretas de Suiza. Ese dinero tenía que ser empleado para compensar muchos de los trabajadores de Montauk que habían sido perjudicados como resultado del proyecto. Aparentemente, cuando le había hecho la visita años atrás, un tipo de señal alertó al grupo secreto para respaldaba el Proyecto de Montauk. En la noche siguiente fue atado y robado, y sus libros bancarios secretos desaparecieron. Ahora se dio cuenta de que no tuve nada que ver con eso.

No pude empezar a transferir los receptores hasta el día siguiente. Era un trabajo muy importante. Saqué los receptores de sus bastidores y los separé para que fuesen trasladados con seguridad. Rinehart también estuvo allí, y empezó a aparecer y desaparecer gradualmente. Al principio, actuó como Rinehart, después cambió el papel a von Neumann. Se parecía a un yoyó. Finalmente, se decidió por von Neumann.

Como von Neumann, dijo que había obtenido esos receptores por una muy buena razón. En realidad, eran capaces de sintonizar con cualquiera de los dos proyectos: el Proyecto Arco Íris (Experimento de Filadelfia o el Proyecto Montauk. Además, los receptores podían sintonizar con los proyectos de cualquier tiempo y espacio de nuestro universo. También creía que ese receptor fue el testigo principal de Montauk a *USS Eldridge*. Dijo que podía detectar el patrón de *Eldridge* atrás a 1943.

Parecía que von Neumann había terminado lo que tenía que decir. Rinehart regresó, y cargué los receptores para llevarlos a Long Island.

No estaba seguro cómo funcionaban los receptores o para que servían. Mi primero paso fue pedir a Duncan que hiciese una lectura psíquica. Indicó que los receptores eran capaces de sintonizar con cualquier punto particular del tiempo por medio del tiempo cero. Me comentó que si pudiésemos entender cómo hacerlo, podríamos sintonizar con cualquier otro punto en el tiempo.

Entendimos lo que von Neumann ya me había contado: ese equipo fue un elemento fundamental de la máquina de tiempo de Montauk. No creo que el equipo que tenía en mi poder en particular había estado en *Eldridge* o en Montauk. Pienso que había sido utilizado en el Astillero Naval de Philadelphia en 1940.

Quise rastrear el equipo aún más para ver si tenía un punto de origen lógico. Contacté con el mayor distribuidor de excedentes antiguos del país. No habían oído nunca de un Receptor FRR 24. Hablé con muchos amigos del mercado de excedentes y encontré una sola persona que había visto uno u oído sobre uno. Esa persona dijo que el receptor salió de la RCA. Había sido propietario de uno de los receptores en algún momento. Renunció a él cuando vino un hombre del norte de Nueva York y pagó una suma exorbitante para la parte del transmisor que tenía.

Haciendo un rastreo hasta Dr. Rinehart, verificó que él fue el comprador del equipo. Sin embargo, me dijo que eso solo explicaría elementos de dos de los bastidores que me había vendido. Hubo cuatro en total, y debió de haber comprado de otra persona los otros dos bastidores con los receptores. Con la ayuda de Dr. Rinehart conseguí localizar a la otra persona. Esa persona era un joven que también dijo que el receptor FRR 24 salió de la RCA.

Decidí averiguar cuantos receptores de ese tipo habían realmente puestos en el mercado. Hice unas llamadas a la Agencia de Eliminación de Excedentes, les di el código para el receptor, e hicieron una investigación en su ordenador. Una señora de la agencia dijo que solo tres receptores FRR 24 fueron lanzados al mercado. Todos los demás sistemas estaban sea todavía en uso o habían sido destruidos.

Después, señaló que recientemente ese receptor había sido clasificado. Dijo que si alguno de ellos hubiera sido desechado sus manuales habrían tenido que ser destruidos.

También había una nota indicando que cada unidad FRR 24 contenía setenta y cinco libras de plata. Los informes dicen que las unidades habían sido desguazadas y vendidas a distribuidores para la recuperación de la plata. Después de desguazarlas, ya no servirían puesto que habrían pasado por una trituradora.

El informe indicó que los receptores FRR 24 fueron lanzados al mercado solamente cuando el gobierno acordó venderlos a una empresa mundial de comunicaciones. Tres casos de esos aparecían en la lista. Un receptor FRR 24 fue entregado a la RCA, uno a la ITT en la costa del oeste y otro en Vero Beach, de Florida.

Intenté localizar a la gente que en realidad había trabajado con el receptor FRR 24. Finalmente, encontré un señor jubilado que había trabajado en la RCA Rocky Point (en el extremo oriental de Long Island). Su puesto había sido en la estación receptora de Rocky Point.

El hombre indicó que el FRR 24 había estado en la estación receptora de RCA desde muchos años. Se volvió loco con los receptores y dijo que eran preciosos y fantásticos. Sin embargo, al encenderlos, dijo que se detectaba un tipo de interferencia muy extraño a lo largo de Long Island Sound. Fue un misterio que ni él ni los demás pudieron descifrar. También mencionó que los receptores hacían unos ruidos audio raros y que al final la RCA decidió no usarlos.

Esto era interesante porque von Neumann me dijo que los dos bastidores con los receptores de la RCA de Rocky Point habían sido enviados atrás en el tiempo en 1930. Uno llegó en el Astillero Naval de Filadelfia y fue utilizado para rastrear el Proyecto Arco Íris en 1943. El otro bastidos con el receptor terminó en la RCA donde fue desmontado y estudiado con el objeto de ser reproducido y aplicado a la tecnología actual.

Cabe señalar que en los años treinta, la RCA hizo enormes avances en lo que concierne la tecnología de radio. Los años 1933 y 1934 fueron particularmente llenos de nuevos descubrimientos.

Si von Neumann tenía razón, la RCA recibió y analizó un bastidor con receptores del futuro. Es posible que Neumann mismo los haya enviado de vuelta.

Al final, el bastidor con los receptores cuyo titular era el Astillero Naval de Filadelfia llegó en mis manos, y lo sigo teniendo. El bastidos desmontado fue reforzado y mejorado por la RCA, y ese fue el que llegó a Rocky Point. Eso fue logrado a través de un bucle de tiempo, y por consiguiente hay ciertas diferencias entre los receptores de la RCA (modelo FRR 24 que compré de von Neumann) y el utilizado durante el Experimento de Filadelfia. No obstante, ambos receptores tienen más similitudes que diferencias.

Aparte de lo anterior, también tengo equipo desarrollado por Tesla que parece haber sido inspirado por los modelos FRR 24 que fueron enviados atrás, del futuro, por von Neumann.

En cualquier de los casos, la tecnología de radio se anticipó mucho a su tiempo en los años treinta. Como ingeniero y persona profesional de radio, he llegado a la conclusión de que no se podría haber hecho sin el apoyo considerable de alguien de alguna parte. Por ejemplo, Nikola Tesla siempre desconcertaba el status quo diciendo que experimentaba comunicaciones con los extraterrestres.

Hay también otro aspecto interesante relacionado con el receptor modelo FRR 24. Cuando los compré de Rinehart, noté que la carcasa de aluminio estaba corroída por fuera. El aluminio en sí no se corroe, salvo cuando se mezcla con impurezas. Sin embargo, el panel de aluminio del chasis no presentaba esa característica. En conclusión, el chasis estaba hecho de un tipo de aluminio de alto grado de pureza. El aluminio de categoría comercial empleado para equipos de radio normalmente no es tan puro.

¿Que nos indica todo eso?

Debe de haber una razón por la cual el aluminio era tan puro. Recientemente, ha salido a la luz en los círculos convencionales de ciencia que el aluminio puede ser convertido en un superconductor. Un amigo mío de la NASA me ha dicho que la mezcla de mercurio con aluminio y alcohol produce micro canales suficientemente grandes para que los electrones canalicen a través del aluminio. Básicamente, esto genera un superconductor a temperatura ambiente.

Rinehart me advirtió sobre el bastidor. M dijo que podría haber una contaminación con mercurio en el bastidor. Una inspección más atenta reveló que el bastidor había sido sometido a un cierto tipo de proceso de tratamiento con mercurio.

Hoy en día pienso que el proceso de tratamiento está relacionado con los resonadores de plata, que son los condensadores y las bobinas. El mercurio y el aluminio crean canales microfinos a través del bastidor superconductor y los canales se convierten en un resonador multi-dimensional.

En conclusión, el receptor es de hecho un resonador de tiempo y espacio multi-dimensional y formaría parte integrante de cualquier máquina de tiempo que fue utilizada en el Experimento de Filadelfia o en Montauk.

IUN ANÁLISIS CIENTÍFICO DE LA RADIOSONDA

(Nota: No se espera que este análisis sea comprendido fácilmente por el público general no especializado. Se incluye solamente para los que poseen conocimientos técnicos. También sirve como corroboración de mi afirmación de que el gobierno tenía los medios para afectar las condiciones meteorológicas.)

La Radiosonda consiste de dos sensores tipo resistencia variable. Uno registra la temperatura, el otra la humedad.

El sensor de temperatura es un termistor, en el que la resistencia eléctrica que varía en orden inverso con la temperatura. El sensor de humedad es un resistor electrolítico en el que la resistencia eléctrica varía directamente con la humedad relativa. En la mayoría de las Radiosondas, el sensor de presión es de tipo interruptor selector responsivo a presión (interruptor Baro). Básicamente, el transmisor percibe una resistencia variable que es seleccionado alternativamente por el interruptor Baro o un interruptor secuencial. Ocasionalmente, se selecciona un cortocircuito que se llama modo de referencia. Esto es lo que los sensores hacen en la superficie. Es también la línea que el gobierno hace pública. Aunque una investigación superficial comprueba que esta descripción es verdadera, hay también otra actividad que es secreta. El sensor de temperatura es una barra de carbono con metales preciosos añadidos, y actúa como una antena para la función DOR.

También invierte la transformación conocida como energética DOR. Este objeto se envasa en un pequeño frasco, y tiene que ser instalado en clips para que quede bien anclado a los brazos de la Radiosonda. Para obtener una lectura real de la temperatura, fue pintada en color blanco para reflejarel calor radiante del sol, y fue colocado sobre la caja al aire libre. Esta colocación es entendible desde la perspectiva de la ciencia convencional, pero no se puede entender de punto de vista de la ciencia relativista.

El sensor de humedad es un resistor electrolítico. No entendemos cómo funciona porque el resistor electrolítico normal varía de forma inversa con la humedad relativa. Este sensor de humedad consiste de una rejilla de líneas conductivas con un revestimiento químico desconocido. Se comporta como una antena para orgón en fase. Es también similar a los detectores electrolíticos que fueron introducidos para detectar las energías esotéricas. El sensor de humedad se sella también herméticamente en un pequeño frasco y se tiene que meter en su recipiente encima de la Radiosonda, y de esta forma será cubierto y protegido de la lluvia directa, pero permitiendo que el aire circule alrededor suyo. Esto sigue la línea de información que fue hecha pública.

En las Radiosondas posteriores, el interruptor Baro es reemplazado con un interruptor de barrido con mecanismo de reloj, con la inclusión de un receptor que el Gobierno sostiene que se utiliza como transpondedor para grabar la dirección y la altura. Esto quiere decir que el interruptor Baro ofrece información sobre la altura, que se puede leer de la presión, pero depende de un gradiente de presión uniforme que nuestro atmósfera no presenta. Esto coincide con la información publicada, pero es extremadamente inexacto.

No creo que este sea el objetivo real para el interruptor Baro. De hecho, se insinúa un propósito completamente distinto. Parece ser que el interruptor Baro es la función correlativa que sería necesaria para sincronizar el ataque de DOR con el ambiente de la Tierra. También es evidente que el receptor sincroniza el ataque DOR con el ambiente. En este punto no entiendo completamente el esquema del sensor.

Aparte de los sensores, la otra parte de la radiosonda es el transmisor. Está modulado en función del pulso de tiempo y el índice de repetición del pulso varia con la resistencia presentada al transmisor. Hay dos tipos de modulación de pulso utilizados. Uno es cuando la modulación envía pulsos de la onda transportadora OT (OT = onda transportadora) del oscilador transportador. El otro es cuando un pulso de alta tensión suministra B+ (B+ significa "pilas B", que se refieren a tensión asignada) al oscilador transportador. Se utilizaron dos frecuencias: 400 MHz y 1680 MHz. El oscilador de 400 MHz consiste de líneas ajustadas al tubo de tríodo en el campo de líneas. El oscilador de 1680 MHz es de tipo cavidad integral, con el tubo de tríodo dentro de los campos de la cavidad.

En el transmisor oscilador pulsátil OT, hay dos secciones: el oscilador modulador y el oscilador transportador. El oscilador modulador (ver página 129) es lo que genera el pulso, lo cual es el oscilador tríodo con un mecanismo de bloqueo en el circuito de red.

El funcionamiento del transmisor es simple. Cuando el oscilador está en marcha, el sesgo de la red aumenta sobre el tope (T) y cuando el voltaje alcanza el límite del tubo el oscilador se detiene. En este punto, el T descarga hasta que el tubo se pone de nuevo en marcha. A medida que el voltaje de red sobre el T va en ciclos arriba y abajo, el oscilador arranca y para; por consiguiente modula la caída de voltaje sobre Rp, que es desfasada. El valor del T, Rg y Rext y Rref determina el índice de repetición del pulso sobre Rp. La señal con el pulso y sus potenciales son capacitivamente acopladas al oscilador transportador.

Esta es la explicación habitual, pero consideremos la actividad relativista. Cuando el tubo es desconectado, la señal de nivel superior acumula dentro del tubo como una carga sobre un capacitador. Cuanto más tiempo esté aislado el tubo, más se acumula la señal relativista dentro del tubo. Cuando el tubo se pone en marcha y oscila, gira entre saturación y corte, y dos cosas pasan.

Primero, la carga relativista depositada es expulsada fuera. Segundo, la rotación de la oscilación entre saturación y corte tiene el efecto de amplificar los componentes de nivel superior mediante la actividad del punto "0". El resultado es que la señal es amplificada y genera pulsos. De este punto de vista, la señal moduladora es capacitivamente acoplada a la red del oscilador transportador, donde el pulso detiene la oscilación.

Cuando consideramos el oscilador transportador (ver página 130), el circuito es uno estándar. El modo en que se optimizó probablemente tiene algo que ver con la ubicación del tubo en el campo de la red resonante, y el diseño del tubo. El funcionamiento de nivel superior del oscilador transportador es similar al oscilador modulador. Cuando el tubo gira de saturación a corte, el punto 0 del vacío se propaga. Esto resulta en beneficiorelativista como también forzar todas las señales almacenadas en el tubo a la salida y la antena.

La salida desviada del oscilador modulador, que está en pulso potencial (escalar) a aproximadamente 7 MHz, queda acoplada a la red del oscilador transportador y gira el punto Q* de saturación y corte. La actividad de punto "0" emite carcajadas de señales relativistas, lo cual reproduce estrechamente la señal de entrada de los sensores.

* "Punto Q" significa punto inmóvil. Esto se refiere al punto en el que se sitúa el tubo.

El transmisor modulador de pulso utiliza un modulador de pulso de línea de retardo con un thyratron, reactor de carga, diodo para bloqueo, red de pulso, y un transformador de pulso que genera pulsos de 1400 V que ponen en funcionamiento el oscilador transportador. El thyratron es disparado por la salida del mismo oscilador modulador como en todo lo demás. El oscilador modulador carga la señal relativista en la línea de retardo a través del thyratron que es desconectado pero todavía tiene ventaja de punto "0". Cuando el thyratron dispara, todo lo que hay en la red formada de pulso se carga en el tubo oscilador transportador, como un pulso de 1400 V que rasga el vacío, y genera un alto "aumento relativista" por la actividad habitual del punto "0".

El sistema entero es operado mediante un paquete de baterías cuya duración de vida es de aproximadamente tres horas.

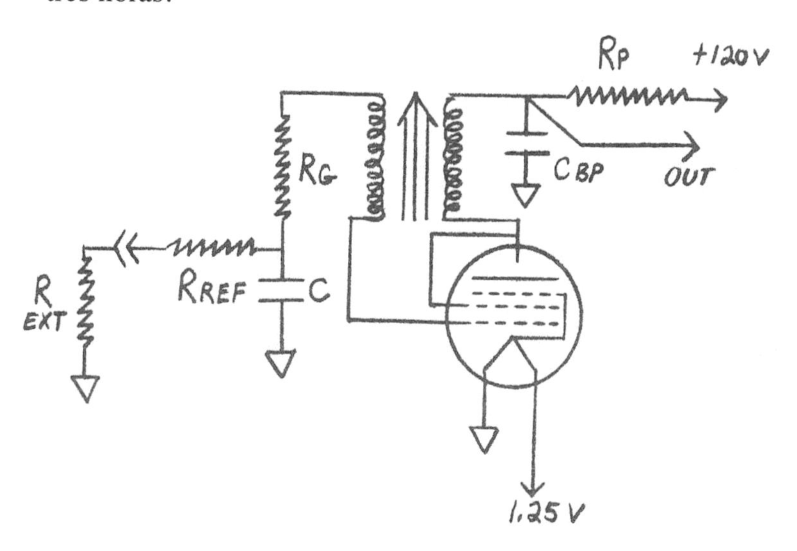

MODULATION OSCILLATOR

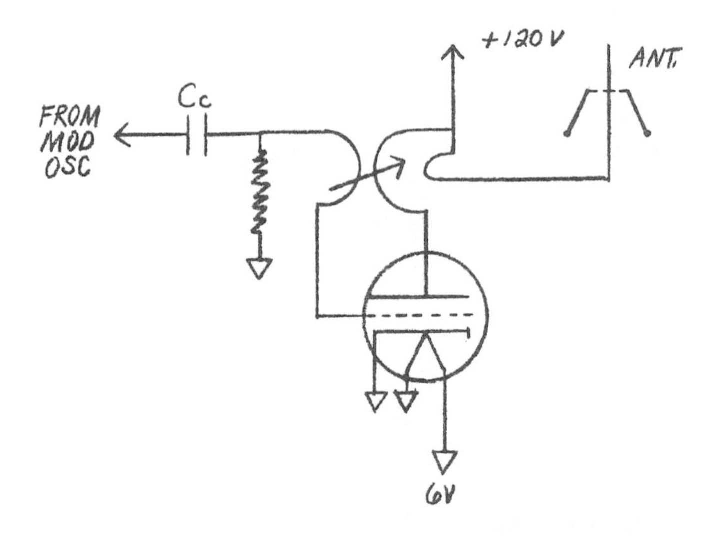

CARRIER OCSILLATOR

WILHELM REICH

Aunque el gobierno tenía mucha consideración por los descubrimientos y desarrollos de Wilhelm Reich, parece que hacían poco uso de él personalmente. Estuvo bajo presión por parte de la AMA y la FDA durante años por acusaciones de charlatanería. Al final, recibió una condena a prisión muy dura por desacato a la autoridad cuando se negó a comparecer. La quema subsecuente de sus libros y destrucción de sus equipos puede que no tengan equivalentes en la época moderna por su ultraje.

Sus afirmaciones sobre las interferencias con las transmisiones de las Ovnis tampoco le ganaron el apoyo de sus amigos. El concluyó que las transmisiones de las Ovnis funcionaban en base a la energía orgónica o cósmica. Desarrolló un tipo de "arma espacial" partiendo de la teoría orgónica y fue capaz de hacer las OVNIS desvanecerse con regularidad según los relatos de los testigos presenciales. Después de entrar en la prisión, las autoridades aparentemente le dieron permiso expreso para trabajar en ecuaciones sobre antigravedad. Esto es raro, por decir lo menos; especialmente si pensaban que era un charlatán.

Fueran lo que fueran los hechos y detalles concretos de Wilhelm Reich, parece ser que fue utilizado por su genio inventivo y después apartado para que no pudiese difundir sus descubrimientos en otros lados. La censura sistemática de su trabajo solo respalda esto.

EL CONTROL DE LA MENTE Y LA GUERRA DEL GOLFO PÉRSICO

Todavía estaba sin trabajo cuando empezó la Guerra del Golfo Pérsico y tuve la oportunidad de ver las difusiones informativas en directo. Las difusiones informativas en directo son interesantes para mí porque a veces se transmite información que de otro modo sería modificada.

En una de las transmisiones, un reportero de CNN dijo que hacía poco que había regresado de Kuwait donde había viajado con una patrulla Americana. Habían percibido una patrulla de alrededor de treinta Iraquíes en la próxima duna de arena. Mientras los americanos se preguntaban cómo hacer que los Iraquíes se rindiesen, de repente apareció un helicóptero americano volando encima de los Iraquíes. Hasta que el helicóptero hubiese alcanzado la próxima duna de arena los Iraquíes estaban con los brazos en alto entregándose.

Todo esto en sí es muy sospechoso. Esos eran los mismos Iraquíes que llevaron una Guerra Santa de ocho años contra Irán.

La siguiente noticia de interés que observé vino hacia el final del conflicto, cuando un reportero ingles de BBC cuestionó a Neil, General de Brigada. El reportero preguntó al General sobre su plan de sacar a los soldados Iraquíes fuera de los profundos búnkeres que los alemanes habían construido para los Iraquíes. Se conocía que esos búnkeres eran extremamente bien fortificados y era una buena pregunta.

El General Neil dijo, "Nosotros aportaremos el psicológico..."*

Después interrumpió la frase con una tos. No sonó como una tos verdadera, sino como si se hubiera sorprendido a sí mismo diciendo algo que no debía revelar. Cuando terminó de toser continuó.

"Perdona, traeremos los helicópteros con sistemas altoparlantes y los convenceremos."

Para mí su declaración fue muy significativa. Es obvio que el General cometió un error y tuvo que continuar la frase por el estilo. En mi opinión, estuvo a punto de decir algo como "helicópteros con difusión psicológica". Tenía la palabra helicópteros en la mente y, para hacerlo menos obvio, pienso que cambió lo que iba a decir con referencia a helicópteros, con sistemas altoparlantes".

Hice alguna investigación sobre los búnkeres de los Iraquíes, y descubrí que los americanos habían intentado conseguir los planos de construcción de los alemanes del Este. Los americanos querían saber cómo penetrar los búnkeres. Recuperaron los planos y descubrieron que los muros eran muy espesos. Incluso después del ataque aéreo, los Iraquíes permanecieron muy a fondo en los búnkeres. Tenían electricidad, entretenimiento y suficiente comida y agua para al menos seis meses.

Los búnkeres tenían tres pies de espesor y probablemente hubieran podido soportar un estallido nuclear. Los Iraquíes también tenían equipo para excavar y salir fuera de los túneles si hubiese sido preciso.

El reportero ingles sabía que no iba a ser fácil de sacar a los Iraquíes de los búnkeres. Por eso hizo la pregunta. Pienso que es absurdo insinuar que esos soldados fanáticos se hubieran entregado bajo la simple amenaza de los helicópteros con sistemas altoparlantes.

* La cita por el General Neil no es una cita textual si no frases basadas en mis recuerdos de los eventos reales.

NIKOLA TESLA

Nikola Tesla nació en 1856 en el lugar llamado hoy Yugoslavia. Conocido como el "Padre del Radio", era clarividente y tenía varias habilidades paranormales. Lo más notable fue su visión cuando era joven de que iba a construir un generador de corriente alterna que iba a revolucionar el modo en el que la humanidad empleaba la electricidad.

Tesla recibió una educación renacentista y aprendió hablar varios idiomas. Se abrió camino en toda Europa como inventador e ingeniero electrónico. Su genio llegó a la atención de uno de los socios de Thomas Edison en Paris, y Tesla fue invitado a conocer al famoso inventador. A pesar de que Edison lo contrató, los dos nunca se llevaron bien.

Las unidades de Edison utilizaban corriente directa lo cual requería una central eléctrica por cada milla o similar. Tesla intentó convencerle que la corriente alterna era más eficiente y menos costosa para poner en función. Edison era obstinado y la genialidad de Tesla debe de haberle hecho sentir inseguro. ¡Aquí había una persona cuyo genio era superior al de Edison!

Edison nunca apoyó los planes de Tesla de revolucionar el mundo con la idea de la corriente alterna. Los dos se pelearon definitivamente cuando Tesla aconsejó a Edison que podría actualizar su entera instalación mediante la construcción nuevas máquinas, reemplazando a las antiguas. Edison le ofreció $50,000 para cumplir la tarea. Tesla diseñó veinticuatro tipos de máquinas y realzó la fábrica de forma eficiente. Edison fue muy impresionado pero no quiso pagarle el dinero. Afirmó que era su "sentido del humor Americano".

George Westinghouse era el mismo un inventador y reconoció el genio en Tesla. Respaldó el plan de Tesla de aprovechar la corriente alterna de las Cataratas de Niagara y el mundo nunca volvió a ser el mismo desde entonces. Entretanto, Edison intentó demostrar que la corriente alterna podría resultar mortal para los seres humanos, y llegó tan lejos como electrocutar un perro en público (con corriente alterna) para probar su punto de vista. Edison terminó humillado y avergonzado.

La carrera de Tesla ascendió y sus experimentos eran reconocidos a nivel mundial. Demostró el control remoto con barcos pequeños en Madison Square Garden, pero mucha gente lo descartó como brujería.

Incluso produjo iluminación entre la Tierra y el cielo en Colorado Springs. Este experimento fue particularmente extraordinario porque colocó bombillas en suelo crudo y esos se encendieron. Esto comprobó que la superficie de la Tierra era un conductor de electricidad. Esto demostró que si se utilizasen los vehículos adecuados la población entera de la Tierra podría gozar de energía libre.

Tesla creó una torre inmensa en Long Island y procuró construir un sistema que proporcionase energía libre. Mientras estaba en pleno desarrollo, el financiero J.P. Morgan retiró su apoyo a Tesla. El no quería energía libre.

La carrera de Tesla entró en declive y su reputación se vio perjudicada. Parte de esto se debió a sus afirmaciones periódicas de que recibía comunicaciones de los extraterrestres. Supuestamente, sus receptores recogían transmisiones de Marte.

Nadie negó en algún momento que fuese un genio electrónico, pero debido a su entendimiento del fenómeno sobrenatural fue percibido con desconfianza. Hoy en día, muchos de mis compañeros ingenieros le consideran un "loco" que fue un genio en electrónica simplemente por casualidad. Esta es una explicación muy cómoda. Mi opinión es que fue extraordinariamente adelantado a su tiempo.

HISTORIA DEL EXPERIMENTO DE FILADELFIA Y SU RECONCILIACIÓN CON EL PROYECTO DE MONTAUK

En 1912, un matemático llamado David Hilbert desarrolló varios distintos métodos de una nueva matemática. Uno de estos era conocido como "Espacio Hilbert". Con eso él desarrolló ecuaciones para realidades y espacios múltiples. Conoció al Dr. John von Neumann en 1926 y compartió su información. Von Neumann cogió un montón de los sistemas que aprendió de Hilbert y los puso en aplicación. Según Einstein, von Neumann era el más brillante de los matemáticos. Tenía una habilidad asombrosa de coger conceptos teóricos abstractos y aplicarlos a situaciones físicas. Von Neumann perfeccionó todo tipo de nuevos sistemas y matemática.

Un tal Dr. Levinson había aparecido y había desarrollado las "Ecuaciones Levinson de Tiempo." Publicó tres libros, que ahora son muy oscuras y casi imposible de encontrar. Un asociado mío sí descubrió dos de ellos en el Instituto de Estudios Avanzados de Princeton. Todo ese trabajo tenía que servir como trasfondo para el proyecto de invisibilidad que tendría que aplicar los principios teóricos sobre un objeto duro y grande.

Unas investigaciones serias sobre la cuestión de la invisibilidad fueron iniciadas a fondo a los principios de los años treinta en la Universidad de Chicago. Dr. John Hutchinson Sr. ocupaba el puesto de Decano en ese momento, y tenía conocimientos del trabajo de Dr. Kurtenhauer, un físico austriaco que tenía la universidad en ese momento. Más tarde se les unieron Nikola Tesla. Juntos, estudiaron la naturaleza de la relatividad y de la invisibilidad.

En 1933, fue constituido el Instituto para Estudios Avanzados dentro de la Universidad de Princeton. Este incluyo a Albert Einstein y John von Neumann, un matemático y científico brillante. Poco tiempo después el proyecto sobre invisibilidad fue transferido a Princeton.

En 1936, el proyecto fue ampliado y Tesla fue designado director del grupo. Con Tesla en el equipo, se consiguió la invisibilidad parcial antes del fin del año. La investigación continuó hasta el 1940 cuando se hizo una prueba en el Astillero Naval de Brooklyn. Fue una prueba pequeña, y no había nadie a bordo del vehículo. El buque utilizado fue alimentado por generadores de otros buques, conectados por cables.

Otro científico, T. Townsend Brown, se vio implicado en este punto. Era conocido por su habilidad práctica de aplicar la física teórica. Brown tenía antecedentes en gravedad y minas magnéticas. Había desarrollado medidas eficaces para las minas con una técnica conocida como desmagnetización. Dicha técnica activaría las minas a una distancia segura.

Hubo una gran fuga de cerebros en Europa en los treinta. Muchos científicos judíos y nazis fueron introducidos de contrabando en el país. Mucho de este influjo fue atribuido a A. Duncan Cameron Sr. Aunque sabemos que estaba bien conectado, su relación exacta con los círculos de inteligencia sigue siendo un misterio.

Hasta 1941, Tesla gozaba de la plena confianza de las autoridades (FDR). Se adquirió un buque en su nombre y se dispuso la colocación de bobinas alrededor de todo el buque. Sus famosas bobinas Tesla también fueron empleadas en el buque. Sin embargo, se tornó muy cauteloso puesto que iban a haber problemas con el personal. Es posible que haya tenido esta información debido a su capacidad de visualizar completamente sus invenciones en la mente. En cualquier caso, Tesla sabía que el estado mental y los cuerpos de las personas del grupo estarían seriamente afectados. Quería más tiempo para perfeccionar el experimento.

Von Neumann era en total desacuerdo con esto en ese momento, y los dos nunca se llevaron bien. Von Neumann era un científico brillante pero no abrazó la metafísica como fin en sí mismo. La metafísica era un viejo sombrero para Tesla, y había construido una herencia exitosa de invenciones basadas en su clarividencia única.

Parte de lo que hizo que sus visiones fuesen tan controversiales fue que durante sus experimentos de Colorado Springs, alrededor de 1900, dijo que había sido contactado por seres inteligentes extraterrestres, mediante mensajes de señales consistentes, cuando el planeta Marte se acercó a la Tierra. Esto ocurrió también en 1926, cuando dispuso la construcción de torres de radio en Waldorf Astoria y en su laboratorio de la ciudad de New York. Sostuvo haber recibido mensajes de que iba a perder gente si no se cambiasen ciertas cosas. Necesitaba tiempo para diseñar nuevo equipo.

Las solicitudes de Tesla por más tiempo no fueron consideradas. El gobierno tenía una guerra para ganar y no se concedió tiempo adicional. Tesla aparentemente siguió con su práctica habitual pero saboteó en secreto la operación en marzo de 1942. Como resultado, sea fue despedido o presentó su renuncia. Se supone que murió en 1943, pero hay pruebas discutibles que sugieran que fue llevado a Inglaterra. Dicen que pusieron en su lugar para el funeral un vagabundo que se le parecía. Fue quemado un día después de que encontrasen su cuerpo, lo cual no era acorde con la tradición de su familia de fe ortodoxa. Si de verdad se murió o no es un tema controvertido. La idea de que sus papeles secretos fueron retirados de su caja fuerte nunca ha sido cuestionada.

Von Neumann fue nombrado director del proyecto.

Hizo un estudio y estableció que se requerirían dos generadores enormes para el experimento. La quilla para la nave *USS Eldridge* fue colocada en Julio de 1942. Se efectuaron pruebas a dique seco. Después, a finales de '42, von Neumann decidió que el experimento podría resultar fatal para la gente, tal como Tesla había sugerido. Irónicamente, todavía se molestaba al oír mencionar el nombre de Tesla. Decidió que un tercer generador resolvería el dilema. Tuvo tiempo para construir uno pero nunca consiguió que el tercero sincronizase con los otros dos. Nunca funcionó porque la caja de engranaje era incompatible. El experimento se volvió fuera de control y un técnico naval fue atacado, estuvo en coma durante cuatro meses y se fue del proyecto. Retiraron el tercer generador. Von Neumann no estaba satisfecho, pero sus superiores no tenían intención de esperar más tiempo.

El día 20 de julio de 1943 decidieron que todo estaba listo y realizaron pruebas. Duncan Cameron Jr. y su hermano, Edward, estaban en la sala de control de donde lo operaban. El buque ya no estaba al puerto y se dieron órdenes por radio para ponerlo en marcha. Resultaron quince minutos de invisibilidad, lo cual acarreó problemas inmediatos con la gente. Se pusieron mal, y algunos de ellos experimentaron náusea. También hubo trastornos mentales y desorientación psicológica. Necesitaban más tiempo, pero el plazo definitivo fue dado para 12 de Agosto de 1943. Las ordenes vinieron del Jefe de Operaciones Navales, quien dijo que lo único que le preocupaba era la Guerra.

Al intentar evitar el daño hacia las personas implicadas, von Neumann intentó modificar el equipo de modo que consiguiera solo invisibilidad a efectos de radar y no literalmente invisibilidad visual.

Seis días después de la prueba final de *Eldridge*, tres Ovnis aparecieron encima de la nave.

El interruptor para la prueba final fue encendido el día 12 de Agosto de 1943. Dos de las Ovnis abandonaron la zona. Uno fue absorbido al hiperespacio y terminó en la instalación subterránea de Montauk.

Los informes de Duncan indicaron que él y su hermano sabían que las cosas no iban a salir bien con el experimento de 12 de Agosto. Sin embargo, las cosas parecían ir bien durante tres hasta seis minutos. Parecía que hubiera podido funcionar sin algún efecto devastador. Podrían ver el perfil de la nave – no había desaparecido. De repente, hubo un destello azul y todo se desvaneció. Surgieron problemas. El mástil de radio principal y el transmisor estaban rotos. La gente se quedó atascada en mamparos. Otros andaban como locos de un lado a otro.

Duncan y Edward Cameron no sufrieron el mismo trauma como sus compañeros. Habían estado escudados en la sala del generador que estaba rodeada por mamparos de acero. El acero se comportó como un escudo frente la energía RF. Mientras veían que las cosas se iban empeorando, intentaron apagar el generador y los transceptores, pero no tuvieron éxito.

Al mismo "tiempo", otro experimento estaba en pleno desarrollo en Montauk catorce años más tarde. La investigación había revelado que la Tierra, al igual que los humanos, tiene un biorritmo. Estos biorritmos alcanzan el punto más alto cada veinte años el día 12 de Agosto. Esto coincidió con el año 1983 y proporcionó una función adicional para hacer conexiones a través del campo de la

Tierra de forma que la nave *Eldridge* fuese empujada en el hiperespacio.

Los hermanos Cameron no consiguieron apagar el equipo que se encontraba a bordo de *Eldridge* porque todo estaba vinculado a través del tiempo al generador de Montauk. Se imaginaron que permanecer en la nave ya no era seguro y decidieron que la mejor alternativa sería tirarse al agua con la esperanza de escapar al campo electromagnético de la nave.

Saltaron y se vieron impulsados a través de un túnel del tiempo y hacia tierra seca en Montauk en la noche del 12 de Agosto de '83. Fueron descubiertos rápidamente y llevados abajo.

Von Neumann conoció a Duncan y a Edward e indicó que sabía que iban a venir. Ahora era ya viejo. Dijo que hubo un bloqueo en hiperespacio y que había estado esperando ese día desde el 1943. Les comentó a los viajeros en el tiempo que los técnicos de Montauk eran incapaces de apagar las cosas. Les pidió a Duncan y a Edward que volviesen a 1943 y apagasen el generador. Von Neumann les dijo incluso que los registros históricos mostraban que ellos lo habían apagado. ¡Pero ellos todavía no lo habían hecho! Les solicitó que destrozaran todo el equipo si hiciese falta.

Antes de regresar definitivamente a 1943, Duncan y Edward cumplieron unas misiones para el grupo de Montauk. Hicieron algunos viajes en el pasado a 1943. En uno de esos viajes, Duncan pasó por el portal del tiempo y entró en el túnel del tiempo. De alguna forma Duncan entró en un túnel secundario y se quedó bloqueado allí. Los túneles secundarios eran un misterio y siguen siéndolo. Aunque teóricamente los científicos de Montauk consideraban que los túneles secundarios no existían, Duncan fue advertido que no entrase en ellos si hubiesen aparecido. Edward acabó pronto en el mismo túnel con Duncan.

Un grupo de extraterrestres aparecieron. Aparentemente, el túnel secundario era una realidad artificial creada por los extraterrestres. Querían una pieza del equipo antes de dejar ir a sus prisioneros. Este equipo era un instrumento muy sensitivo que cargaba el accionamiento de cristal a la Ovni que estaba en el subterráneo en Montauk. A los extraterrestres no parecía importarles abandonar una nave, pero tenían una intención clara de no revelar el misterio de la unidad de accionamiento a los humanos.

Duncan y Edward regresaron a Montauk y recuperaron el accionamiento para los extraterrestres. Al final, pudieron volver a la nave *Eldridge* y llevar a cabo las órdenes de Von Neumann. Rompieron los generadores y los transmisores a pedazos y cortaron todos los cables que pudieron encontrar. La nave finalmente volvió a su punto original en el Astillero Naval de Filadelfia.

Antes de que el portal cerrara, Duncan regresó a Montauk en 1983. Su hermano, Edward, se quedó en 1943. Duncan no pudo decir con certeza porque regresó. Se sugirió que hubiera podido estar bajo órdenes, o hubiera podido ser programado para hacerlo.

Esta aventura resultó ser un desastre para Duncan. Sus referencias del tiempo se disolvieron completamente, y perdió su conexión con la línea de tiempo. Cuando las referencias del tiempo se pierden, surge uno de las tres cosas: el envejecimiento es más lento, permanece igual o se acelera. En este caso, se aceleró. Duncan empezó a envejecer rápidamente. Después de un breve periodo de tiempo, empezó a morir por edad extremadamente alta.

No estamos seguros como ha pasado esto, pero creemos que von Neumann lo transfirió a otro tiempo. Se reclutaron científicos para ayudarle. No podrían dejar morir a Duncan de 1943. No solamente era inestimable para el proyecto, sino también estaba implicado profundamente con todo el alcance de tiempo. Su muerte hubiera podido generar paradojas extraños y se tenía que evitar.

Desafortunadamente, el cuerpo de Duncan se estaba desintegrando y no se podría hacer nada para cambiar el rápido envejecimiento. Pero también había otra alternativa. La investigación ya había demostrado que cada ser humano tiene su identidad electromagnética única. Esto era referido habitualmente como "firma electromagnética" de uno, o simplemente "firma". Si esta "firma" se hubiera podido preservar después de que el cuerpo de Duncan habría cesado su función, teóricamente podría ser transferida a un nuevo cuerpo.

Los científicos de Montauk ya estaban muy familiarizados con todas las manifestaciones electromagnéticas de Duncan como resultado de la investigación exhaustiva que se había realizado. A través de ciertos métodos, no estoy seguro como, su "alma" o "firma" fue transferida a un nuevo cuerpo.

Ellos solicitaron la ayuda de uno de sus agentes más eficientes y leales: A. Duncan Cameron Sr., quien resultó ser el padre de Duncan y de Edward Cameron.

Duncan Sr. era un personaje misterioso. Fue casado cinco veces a lo largo de su vida. Tenía muchas conexiones y no parecía trabajar. Pasaba su tiempo construyendo barcos y viajando a Europa. Algunos han alegado que introducía clandestinamente científicos Nazi y/o alemanes en los Estados Unidos U.S. a través de sus actividades de navegación.

Prácticamente, hay solo una prueba tangible que lo conecta a los círculos de inteligencia. Apareció en una foto de una graduación de inteligencia de la Academia de las Guardias Costeras. Oficialmente no estaba afiliado de ninguna manera con la Guardia Costera.

A través del uso de las técnicas de tiempo de Montauk, el grupo de Montauk contactó con Duncan Sr. en 1947.

Ellos le informaron de la situación y le dijeron que se pusiera a trabajar y tener otro hijo. Ahora tenía una esposa distinta de la madre original de Duncan Jr.. Duncan Sr. cooperó y de esa relación nació otro niño, que de hecho fue una niña. Sus instrucciones eran que concibiese un niño. Finalmente, el niño nació en 1951. A este niño le dieron el nombre de "Duncan", y este es el mismo Duncan que conozco en la actualidad.

Las técnicas de Montauk son obviamente remarcables, pero no eran suficientemente sofisticadas para enviar de vuelta a Duncan de 1983 directamente a 1951. Es posible que hayan intervenido otros factores, pero parece ser que los científicos tenían que basarse en, y utilizar, los biorritmos de veinte años de la Tierra. Como el cuerpo original de Duncan se estaba muriendo, fue transferido a 1963 e "instalado" en el nuevo cuerpo proporcionado por Duncan Sr. y su esposa.

Duncan Jr. no tiene recuerdos anteriores a 1963. También es evidente que, cualquiera que fuese el ocupante de su cuerpo entre 1951 y 1963, este fue forzado a abandonarlo.

He oído muchas veces historias de un proyecto secreto que fue dirigido por ITT en Brentwood, Long Island en 1963. Cabe la posibilidad de que la transferencia del cuerpo de Duncan a un nuevo cuerpo haya sido el punto central, o una parte muy importante de este proyecto.

Cualesquiera que fuesen las circunstancias, este proyecto seguramente ha estado intentando utilizar de alguna forma el biorritmo de la Tierra que ocurre cada veinte años.

Edward Cameron había regresado a 1943. Duncan estaba en 1963.

Después del experimento de Agosto de 1943, los jefazos de la Marina no sabían que hacer. Cuatro días de reuniones resultaron en cero conclusiones. Decidieron hacer otra prueba más.

Hacia los finales de octubre de 1943, la nave *Eldridge* desembarcó para el experimento final. No tenía que incorporar personal a bordo. El equipo se embarcó a otra nave y controló los dispositivos de *Eldridge* a distancia. La nave se hizo invisible por algunos quince o veinte minutos. Cuando subieron a bordo algunos de los dispositivos habían desaparecido. Faltaban dos transmisores y un generador. La sala de control era una ruina quemada, pero el generador de referencia de tiempo cero permaneció intacto. Fue almacenado en un lugar secreto.

La Marina se lavó las manos de toda la operación y botó oficialmente a *USS Eldridge* con su oficina de registro. Finalmente la nave fue vendida a la Marina Griega que más tarde descubrió los diarios y vieron que todos los acontecimientos antes de enero de 1944 habían sido omitidos de los registros.

Según los recuentos de Al Bielek, Edward Cameron continuó su carrera en la Marina. Tenía autorización de alto nivel de seguridad y hacia investigaciones en áreas delicadas como "energía libre", vehículos y dispositivos. Era una persona franca y se quejaba de los procedimientos impropios.

Por alguna razón, le fue lavado el cerebro para que se olvidase del Experimento de Filadelfia, y de todo lo relacionado con la tecnología secreta.

Al comentó que se utilizaron técnicas de regresión de la edad para poner a Edward Cameron en un nuevo cuerpo en la familia Bielek. La familia Bielek fue elegida porque había solo un niño en esa familia y ese niño había muerto antes de que hubiera cumplido un año. Fue reemplazado por Edward y a los padres le fue lavado el cerebro correspondientemente. Desde entonces, Edward ha sido conocido como "Al Bielek".

Las técnicas de regresión de la edad se remontan al periodo de Tesla. Mientras trabajaba en el Experimento original de Filadelfia, desarrolló un dispositivo para ayudar a los marineros en la eventualidad de que hubieran perdido sus acoplamientos de tiempo. El objetivo de este dispositivo era de restablecer una persona a sus acoplamientos normales de tiempo en el caso de que se hubiera encontrado desconcertado por el viaje a través del tiempo. Supuestamente, el gobierno, o alguien, utilizaron este dispositivo de Tesla, y lo explotaron a efectos de regresión física en el tiempo.

Tesla dijo que si los acoplamientos de tiempo de una persona son desplazados adelante en el tiempo es posible realmente eliminar la edad. Si los acoplamientos de tiempo de una persona fuesen impulsados con veinte años menos de edad, el cuerpo seria referenciado a esos acoplamientos.

Edward Cameron se convirtió ahora en Al Bielek. Al creció con su propia identidad y educación, y se hizo ingeniero. Finalmente, terminó trabajando en Montauk. Apenas hacia los mediados de 1980 empezó a recuperar su memoria de su previa identidad. A día de hoy sigue investigando con determinación el Experimento de Filadelfia, y está planeando escribir otro libro. Su intención es demostrar, incluso a los más escépticos, que el Experimento de Filadelfia ocurrió de verdad.

NIVELES CUÁNTICOS DE EXISTENCIA (SEGÚN PRESTON NICHOLS)

Cuando me refiero a niveles cuánticos de existencia, "cuántico" quiere decir distintos o muchos posibles niveles. "Quantum" viene de la raíz Latina "quantis," que significa cantidad.

Entender las realidades múltiples es la llave para entender el tiempo. La física convencional no niega la posibilidad de existencias paralelas pero, se ocupa principalmente de las teorías sobre materia y antimateria. Como hay muchas pruebas para dar lugar a la investigación científica en el área, actualmente hay casi sesenta teorías en el mundo y diez en los Estados Unidos que se dedican a los niveles cuánticos de la realidad.

Voy a ofrecer mi propia teoría basada en mis experiencias, algunas de ellas cubiertas en este libro. Como cualquier teoría científica apropiada, estoy ofreciendo la información porque resultó factible para mí en el laboratorio. También ayudará al lector a comprender mejor la manera en la que funciona el tiempo.

¿Qué es exactamente la realidad paralela?

Sería un mundo o universo que tiene casi todo lo que tenemos nosotros aquí. Si nos cambiásemos a esa realidad, veríamos otro cuerpo que nos representaría en la otra existencia. El universo paralelo no se comportaría necesariamente de la misma forma en la que nosotros estaríamos acostumbrados. Tendría propiedades únicas en sí.

Mi entendimiento es que existimos en varias realidades paralelas. Somos principalmente conscientes de "nuestra realidad" porque estamos concentrados o referenciados hacia ella. Los universos paralelos podrían llegar a nuestro consciente a través de los sueños, las ESP (percepciones extrasensoriales), la meditación o los estados mentales inducidos de modo artificial.

Ahora es importante considerar la perspectiva de conjunto, y el cómo esas realidades distintas se verían de forma esquemática. Einstein teorizó que si uno viajase en línea recta de cualquier punto particular en el espacio, esa persona acabaría finalmente en el mismo punto de donde partió. Esto se podría considerar un circuito completo. No vamos a entrar en la ecuación de ello, pero el público general puede hacerse una idea de esto entendiendo lo que Einstein llamó toroide de tiempo. Con este fin, un toroide puede ser comparado con una rosca bidimensional. Einstein comparó el universo entero con una toroide de tiempo. Teorizó que si uno empezara a caminar en línea recta de cualquier punto dado del exterior de la rosca ese acabaría al lado exactamente opuesto de la rosca. Ambos puntos serian esencialmente iguales, salvo que uno de ellos podría ser considerado "positivo" y el otro "negativo". Como ambos son puntos en la corriente infinita del tiempo, un punto se podría llamar "infinidad positiva" y el otro "infinidad negativa."

A efectos de explicar mi teoría, he extrapolado sobre la idea de Einstein y convertido su toroide de tiempo en una esfera tridimensional. El lector puede imaginarse fácilmente una esfera pequeña dentro de una esfera mayor. Para aclarar, llamaremos la esfera del interior la Esfera A, que se podría parecer a una bola de softball. La esfera mayor será llamada Esfera B, y seria parecida a una bola de básquet (que está vacía).

Nuestras experiencias en diferentes realidades todos ocurren dentro del ámbito de la Esfera A. Si partieras de un punto de la Esfera A y viajaras en línea recta, al final llegarías de nuevo al punto de partida.

Dentro de la Esfera A, todo es dinámico y se mueve. Es el tiempo tal como nos lo imaginamos.

El área entre la Esfera A y la Esfera B no es dinámica en absoluto. De hecho, se considera que está en reposo. Podemos asumir que esta área es un mar de partículas de tiempo. Estas no son partículas en el sentido común de la palabra. En realidad, intentar describirlas a través de ese ejemplo tridimensional resulta extraño. Simplemente presumimos que estas partículas estáticas de tiempo existen porque las podemos sentir (si solo en forma de idea). Estas partículas entre la Esfera A y la Esfera B serian iguales que las partículas del tiempo dinámico (dentro de la Esfera A) salvo que son estáticas, i.e. en reposo.

Accidentalmente, no somos conscientes del tiempo estático porque nuestra realidad "normal" está basada en las funciones dinámicas o en el tiempo dinámico.

Una realidad en el tiempo se produce cuando Dios o alguien genera una tensión en la pared de la Esfera A. Este estrés hará que las partículas dinámicas dentro de la Esfera A se muevan y viajen a través de la esfera hasta que se forma un bucle, de esta forma completando el Alfa y la Omega (el principio y el final).

Nuestra realidad puede ser considerada un bucle gigante. Podría haber empezado con el big bang o el principio del universo, y al final acabaría en el mismo punto, aunque en realidad seguiría ad infinitum.

Cuando alguien, o algo, coge ese bucle en el que existimos y genera una nueva tensión de tiempo y cambia la realidad, resulta un Nuevo bucle que, de hecho, es una realidad alternativa. El bucle original no puede ser borrado o denegado. Seguirá existiendo allí. El nuevo bucle podría ser modificado en la forma en que elija el modificador.

Podría ser una abertura en 1963 que lleva a 1983. Todo lo que ocurra entre esos tiempos sería un bucle alternativo. No sería un bucle entero en sí, pero se añadiría al bucle original de nuestra realidad normal. En esta forma, los bucles parciales se añadirían a nuestra línea original de tiempo, y esta conglomeración de bucles podríamos decir que representa una variedad. Incluso cada bucle podría llamarse variedad (variedad se refiere generalmente a algo que incluye varias partes).

Como las distintas realidades alternativas son generadas de un bucle original, se añaden variedades adicionales a la esfera, y esta se hincha. Aparte de las realidades alternativas creadas cambiando la realidad de una línea particular de tiempo, podría haber realidades paralelas creadas al principio del tiempo, que también tienen sus propios bucles "originales". Hay un número infinito de bucles y variedades posibles.

Algunos podrían preguntarse sobre la Esfera B del ejemplo anterior. Básicamente está allí para que cuadre la teoría. En este punto, no puedo añadir más significado a la esfera B aparte de que sirve como una pared conteniendo partículas de tensión de tiempo. Posiblemente sea parte de un esquema de metafísica más amplio.

Ahora que te has hecho una idea de cómo estos bucles de tiempo y variedades cuadran en el panorama general del universo, hay otra cuestión clave que se debería levantar.

"¿Es posible ganar consciencia sobre los demás bucles o variedades?"

Si, lo es. Esto es lo me pasó en mi techo cuando estaba montando la antena Delta T (como se expuso en el Capítulo Seis). Esa antena tiene un efecto interdimensional sutil sobre la naturaleza del tiempo en sí. Me ha permitido recuperar la consciencia de una línea de tiempo alternativa en la que había sido transferido en contra de mi voluntad innata.

Por consiguiente, es posible viajar de un bucle de tiempo a otro. De hecho, parece ser que en primer lugar esta es la razón completa por el Experimento de Filadelfia y el Proyecto Montauk. Esta teoría indica que no solo se ha creado un bucle alternativo de tiempo sino que este bucle dio lugar a un influjo de OVNIS extraterrestres a este planeta. Las OVNIS han estado siempre a nuestro alrededor, pero no se puede negar el hecho de que hubo una frecuencia repentina de informes durante los cuarenta.

Aun si dudases de la veracidad de todo esto, es bastante evidente que esto es el tipo de ventaja que una raza extraterrestre tiene sobre nosotros.

El siguiente punto que quisiera abordar es que las realidades paralelas se basan en principios propios de la electromagnética. Por ejemplo, es de conocimiento común que la corriente alterna se genera mediante una diferencia alternante de potenciales. Esto es fácil de demonstrar a través de una bobina, donde la corriente y el potencial se muestran de forma gráfica en el siguiente esquema.

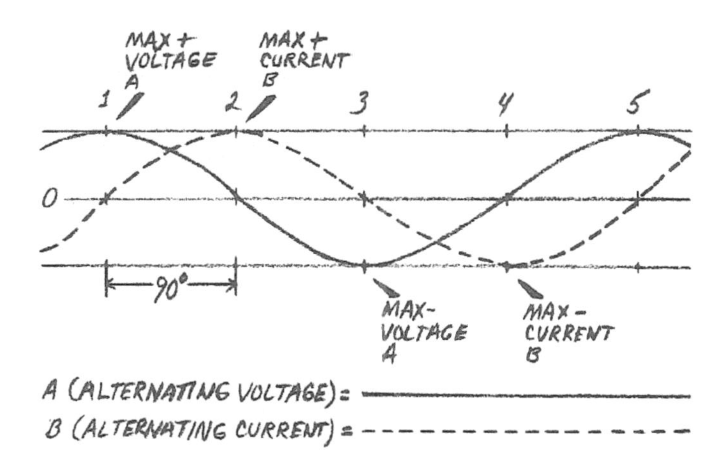

(Se supone que A y B están noventa grados desfasados. Un "ciclo" de corriente/voltaje de punta a punta es 360 grados. 90 grados de desfase significa que cuando el voltaje alternativo A alcanza su punto más alto, la corriente alternativa B está a cero.)

Es la relación entre el voltaje y la corriente que hace funcionar la corriente alternativa. Aún más, la relación entre la corriente y el voltaje es inextricable.

Asimismo, para trazar una analogía metafísica, nuestra realidad está representada por la onda "A" del grafico anterior mientras que la "B" sería una realidad paralela. Tal como hay una interacción entre el voltaje y la corriente, hay también una entre dos realidades distintas.

Extrapolando estos principios, se puede entender que las realidades paralelas están noventa grados desfasadas con nuestra "realidad normal". En otras palabras, si hay una realidad paralela, uno debe considerar que esta tiene energía potencial. No está activada por sí mismo. También estaría noventa grados descentrada según nuestra perspectiva normal. El hecho de que es energía potencial significa que tiene capacidad de fluir a nuestra realidad y vice versa.

Esto explica que no solo hay una relación entre los principios electromagnéticos y otros universos, sino sugiera que utilizando los principios electromagnéticos uno puede entrar teóricamente en la esfera de otras realidades. Estas incluirían los bucles alternativos de tiempo de los que ya he hablado.

Se espera que lo expuesto anteriormente ofrezca al lector un entendimiento general de cómo fueron utilizados los principios electromagnéticos en Montauk para manipular el tiempo.

GLOSARIO

Amplitron – Amplificador UHF de alta potencia. En Montauk, sirvió como amplificador del transmisor antes de que se emitiese una función desde la antena. Un tubo grande, pesaba 300 libras y media 35 pulgadas en su dimensión mayor.

Antena Delta T – Una estructura octaedronal de antena diseñada para curvar el tiempo. Como visualización, se parece a dos pirámides compartiendo la misma base. Por definición, en realidad puede facilitar la modificación de los husos horarios. Las bobinas están colocadas verticalmente alrededor de los márgenes de la estructura piramidal a 90o de ángulo una hacia la otra. Una tercera bobina rodea la base. Se logró modificar los husos horarios mediante la sincronización y alimentación con energía de la antena Delta T, tal como se expuso en el Capítulo 12. Aún cuando la antena no recibe energía, tiene un efecto sútil interdimensional sobre la naturaleza del tiempo en sí.

Banda lateral – Es el componente de onda de radio que realmente transporta la información inteligente.

Biorritmo –Este es un término esotérico que se refiere a cualquier función de vida repetitiva a intervalos regulares en un organismo. Un biorritmo es probablemente mejor comprendido en el ambito de a energia Oriental "Ki" o "Chi", que es la fuerza vital que regula el cuerpo entero. La acupuntura aborda los biorritmos para efectuar la curación. Cuando se considera el planeta como un organismo, los biorritmos incluirán todas las funciones sútiles que hacen la vida posible y la regulan. Las estaciones, la rotación de la Tierra y de la galaxia, entrarían en esta categoría. Los lugares legendarios como Stonehenge se consideran haber sido construidos en armonía con los biorritmos del planeta.

Bobinas Helmholtz – Generalmente, las bobinas Helmholtz se refieren a dos bobinas idénticas que están separadas por una distancia de un radio entre sí. (Puedes visualizar esto si piensas en dos aros de hula-hula paralelos uno a otro.) Cuando las bobinas son electrizadas, producen un campo magnético homogéneo sobre un volumen de espacio más largo que el que generaría una solo bobina.

"Botella electromagnética" – esto se refiere a un "efecto de botella" que se produce cuando un espacio específico está rodeado por un campo electromagnético. Dicho espacio específico es el interior de la "botella". Las paredes serían el campo electromagnético. Cuando hay gente u objetos en ese espacio específico, ellos se encontrarían dentro de una "botella electromagnética".

Cátodo – en un tubo vacío, el material emitiendo electronesse llama cátodo. En una célula electrolítica, es el electrodo negativo el punto desde el cual fluye la corriente. En esencia, es una fuente de flujo.

Ciclo – Una unidad de actividad dentro de una onda que se repiteconstantemente. Un ciclo subirá y bajará antes de repetirse. Si visualizas las olas del océano que son todas uniformes, la serie de olas se llamaría "ola". Esa ola oceánica que cogería un surfista sería un "ciclo".

Componente non-hertzian – Este término no existe en la ciencia convencional. Se refiere al componente etéreo de las ondas electromagnéticas. Teoréticamente, el componente non-Hertzian es una función de onda. En vez de oscilar de modo transversal, oscila con la dirección de propagación, que se conoce como longitudinal (i.e. ondas sonoras). Podría considerarse como una onda electromagnética "acústica".

Conjugación de fase – es el proceso por el cual una onda vuelve de una fuente recepcionada que es un reflejo imaginario de una onda transmitida. En otras palabras, cuando se transmite una onda de radio, una imagen vuelve al transmisor mediante el proceso de conjugación (para más información, se pueden investigar la teoría moderna de la electroóptica).

Delta T – Abreviatura para "Delta Time". Delta se utiliza en ciencia para indicar cambio, por tanto "Delta T" indicaría un cambio en el tiempo.

DOR – Significa "Dead ORgone = Orgón descargado" (véase la definición del "orgón"). Esto se refiere a la energía vital que ha quedado estancada o negativa. DOR podría ser considerado la antítesis de la energía vital.

Espacio-tiempo – Cuando uno empieza a estudiar la física a niveles más altos, resulta evidente que el espacio y el tiempo están vinculados inextricablemente uno al otro. Se considera menos preciso referirse al espacio o al tiempo por sí solo (porque no existen en sí mismos). Esto sería como decir que tu boca comió la cena.

Fase – Intervalo de tiempo entre el momento en el que ocurre una cosa y el instante en el que ocurre la segunda cosa relacionada.

Frecuencia – el número de ondas o ciclos por segundo.

Hertz – (abreviatura Hz) Esto es simplemente un ciclo de una onda. Una onda consiste de varios ciclos que son repeticiones de un ciclo. Para ser un poco más técnico, el hertz es la fluctuación completa de una onda de mas + (el punto más alto) a menos - (el punto más bajo). Cinco hertz serian cinco cilos por segundo.

MHz – MegaHertz, son equivalentes a 1,000,000 hertz.

Modulación de pulso – Estos son transmitidos como una serie de pulsos breves que son separados por relativamente largos periodos de tiempo sin la emisión de una señal

Referencia(s) de tiempo – Esto se refiere a los factores electromagnéticos mediante los cuales estamos conectados al universo físico y al flujo de tiempo. La conciencia del tiempo puede compararse con una transe profunda que hace que uno esté sintonizado con las diversas frecuencias y pulsos del universo físico.

Relativista – Las funciones relativistas se refieren a actividades que están fuera de nuestro marco normal de referencia. También tiene que ver con el modo en que las actividades de otros marcos de referencia se relacionan con el nuestro. La relatividad abarca el concepto del todo sin limitación alguna, incluyendo otras dimensiones y el/los universo(s) entero(s).

RF – Frecuencia de radio. Las frecuencias superiores a 20,000 hertz se llaman frecuencias de radio porque son útiles para transmisiones de radio.

Transceptor – Instrumento que sirve tanto para recibir como para transmitir.

Transmisor – Dispositivo o unidad que envía una señal o un mensaje.

Onda – El estado de movimiento que sube y baja se llama onda. Se puede transmitir de un área específica a otra sin transporte real de materia. Una onda consiste de muchos ciclos y puede transportar señales, imagines o sonidos.

Onda de radio – Onda electromagnética que transporta información inteligente (imágenes, sonido, etc).

Onda electromagnética – Cuando ocurre una carga eléctrica que oscila (se mueve adelante y atrás), se genera un campo alrededor de la carga. Este campo es tanto eléctrico como magnético por naturaleza. Este campo también oscila, lo cual a su vez propaga una onda a través del espacio. Esta onda se llama onda electromagnetica.

Orgón – Esto se refiere a la energía vital o sexual según las observaciones de Dr. Wilhelm Reich. Es la energía positiva que nos "atrae y motiva".

Oscilador – Dispositivo que establece y mantiene las oscilaciones. Oscilar significa moverse adelante y atrás. En electrónica, el oscilador se refiere a una variación regular entre valores de máximo y mínimo, como corriente y voltaje.

Proyecto Phoenix – Proyecto secreto que empezó a finales de 1940. Investigaba el uso de la energía orgonica, particularmente en lo que concierne el control del clima. Al final heredó el Proyecto Arcoíris e incluyó el Proyecto de Montauk. "Phoenix" era el nombre cifrado oficial.

Psico-activo – esto pertenece a cualquier actividad o función que tiene un efecto sobre la mente o la psiquis. En este libro, psico-activo se refiere principalmente a las funciones electromagnéticas o equipo electrónico que incluye la forma de pensar y el comportamiento de los seres humanos.

Psicotrónica – Ciencia y disciplina sobre cómo funciona la vida. Incluye el estudio de como la tecnología interacciona con la mente, espíritu y cuerpo humano. La ciencia, la matemática, la filosofía, la metafísica y los estudios esotéricos están vinculados mediante el estudio de la psicotrónica. También abarcaría otras realidades y el modo en que interferimos con otras dimensiones de existencia.

NOTA DEL AUTOR

Después de que *El Proyecto Montauk – Experimentos a Través del Tiempo* (*The Montauk Project – Experiments in Time*) fue publicado por primera vez en 1992, yo intenté verificar que el Proyecto Montauk en verdad existió. Estas investigaciones y aventuras han sido el objeto de una serie entera de libros además de un boletín informativo trimestral, *El Pulso de Montauk* (*The Montauk Pulse*), que sigue siendo publicada desde su inicio en 1993.

Aunque han habido muchos descubrimientos impresionantes, los detalles exactos de los aspectos más sensacionales de lo que ocurrió en Montauk son difíciles de establecer, mucho menos de comprobar. Sin embargo, descubrimientos recientes indican que existía suficiente conocimiento en la industria militar para permitir que se viajara a través del tiempo. Hemos sabido de algunos de estos aspectos gracias al Dr. David Anderson del Instituto Anderson (favor de consultar: *www.andersoninstitute.com* y hacer clic sobre el ícono para acceder a la versión en español) cuyo trabajo ha enlazado con el trabajo de Peter Moon y ha sido tema de varios libros.

Esperamos que más libros de la serie Montauk puedan ser traducidos al español, pero esto depende de la popularidad y el interés que generen en el mundo de habla hispana. Nosotros agradecemos sus esfuerzos para lograr que se conozca este trabajo así como el de los voluntarios que deseen ayudarnos a traducir estos trabajos. Por favor no duden en contactarnos escribiendo al correo electrónico: *skybooks@yahoo.com* o también visitando nuestro sitio web: *skybooksusa.com*

Lightning Source UK Ltd.
Milton Keynes UK
UKHW022303280520
363988UK00014B/3251